高等院校数字媒体艺术类"十三五"规划教材

Film Effects and
Editing in After Effect & Premiere Pro

影视后期特效
与剪辑

主编 刘莹 方楠 王圣瑛

中国海洋大学出版社

·青岛·

图书在版编目（CIP）数据

影视后期特效与剪辑 / 刘莹，方楠，王圣瑛主编. — 青岛：中国海洋大学出版社，2019.9

ISBN 978-7-5670-2278-2

Ⅰ．①影… Ⅱ．①刘… ②方… ③王… Ⅲ．①视频编辑软件 Ⅳ．① TN94

中国版本图书馆 CIP 数据核字（2019）第 126313 号

出版发行	中国海洋大学出版社			
社　　址	青岛市香港东路 23 号		邮政编码	266071
出 版 人	杨立敏			
策 划 人	王　炬			
网　　址	http://pub.ouc.edu.cn			
电子信箱	tushubianjibu@126.com			
订购电话	021-51085016			
责任编辑	由元春		电　　话	0532-85902349
印　　制	上海万卷印刷股份有限公司			
版　　次	2019 年 10 月第 1 版			
印　　次	2019 年 10 月第 1 次印刷			
成品尺寸	210 mm×270 mm			
印　　张	13.5			
字　　数	325 千			
印　　数	1～4000			
定　　价	68.00 元			

前 言
Preface

影视后期制作分为特效和剪辑两部分。特效是指对素材在色彩、亮度、对比度等方面进行艺术性加工，或者添加字幕和额外的特殊效果；而剪辑就是对素材进行去粗取精的工作，对剪辑好的镜头素材按照一定的规律有序地组织起来，让影片能够说明某个问题或者表达某种情感。

After Effects 擅长视频特效制作，而 Premiere 擅长非线性编辑。由于 After Effects 和 Premiere 来自同一个公司，因此两款软件协调性极好。本书通过讲解 After Effects 和 Premiere 走进影视后期特效与剪辑这个神秘世界，共同领略影视后期带来的视觉特效风采。

本书紧紧围绕影视后期特效与剪辑这个核心，重点介绍了 After Effects 特效制作与 Premiere 剪辑技巧的常用命令和操作技巧。

本书图文结合、便于阅读，在对一些知识点进行文字阐述之后，利用大量插图进行更深入的说明。

本书理论与实际有机结合，对于影视后期制作各个环节，尤其是成功案例的分析、重点制作技术都有很好的阐述，让读者在学习软件的同时更深入地了解相关案例。

另外，书中附有大量与讲解同步的素材文件和结果文件，无论是教师教，还是学生学，都非常方便和实用。

由于编者水平有限，书中不足之处在所难免，恳请广大读者给予批评指正。

编者
2019 年 5 月

内容简介

　　本书是一本专为影视后期制作人员编写的实例型图书，根据多位业界设计师的教学与实践经验编写而成，为想在较短时间内学习并掌握影视后期特效与剪辑使用方法和技巧的读者量身打造，所有案例均是作者多年设计工作的积累。本书具有实用性强、理论与实践紧密结合的特点，精选了常用且实用的影视广告案例进行技术剖析和操作详解。本书可作为从事影视制作、栏目包装、电视广告、后期剪辑与合成等人员的参考用书，同时可作为美术院校及社会培训机构相关专业的教材使用。

课程与课时安排

建议课时数：64

章　节	内　容	理论教学	课内实训	合　计
第 1 章	影视后期制作基础知识	2	2	4
第 2 章	After Effects CC 2018 基础	2	2	4
第 3 章	图层的创建与编辑	2	2	4
第 4 章	动画制作与文字工具	4	4	8
第 5 章	案例："阿锋鲍鱼"广告制作	2	2	4
第 6 章	色调调整与抠图	2	2	4
第 7 章	渲染与输出	2	2	4
第 8 章	常用外置插件的使用	4	4	8
第 9 章	Premiere Pro CC 2018 基础	2	2	4
第 10 章	Premiere 转场的应用	2	2	4
第 11 章	Premiere 字幕应用	2	2	4
第 12 章	音频编辑技巧	2	2	4
第 13 章	Premiere 影片的输出	4	4	8

目 录
Contents

第 1 章　影视后期制作基础知识

在学习使用 After Effects CC 2018 之前，首先需要了解一下关于影视后期制作方面的各种必要的基础知识，理解相关的概念、术语的含义，方便在后面的学习中快速掌握影视后期制作的各种操作。

重点知识

- ★ 线性编辑和非线性编辑
- ★ 帧速率和扫描场
- ★ 电视播放制式和网络制式
- ★ 像素和分辨率
- ★ 采集和压缩比

第 1 节　影视后期制作概述

随着社会的进步、科技的发展，影视媒体已经成为最具话语权的宣传工具与最具影响力的娱乐手段，它正越来越广泛地介入与影响每一个人的生活，各种活动影像已经成为大众文化消费中不可或缺的、重要的组成部分。过去，影视节目的制作是专业人员的工作，对大众来说似乎还笼罩着一层神秘的面纱。十几年来，数字技术全面进入影视制作过程，计算机逐步取代了许多原有的影视设备，并在影视制作的各个环节发挥了重大作用。以前，影视制作使用的一直是价格极端昂贵的专业硬件和软件，非专业人员很难见到这些设备，更不用说熟练使用这些工具来制作自己的作品了。随着 PC 性能的显著提高、价格的不断降低，影视制作从以前专业的硬件设备逐渐向 PC 平台上转移，原先身份极高的专业软件也逐步移植到 PC 平台上，价格也日益大众化。同时，影视制作的应用也从专业影视制作扩大到电脑游戏、多媒体、网络、家庭娱乐等更为广阔的领域。许多在这些行业的工作人员与大量的影视爱好者们，都可以利用自己手中的电脑来制作自己的影视节目。

影视后期制作是以视觉传达设计理论为基础，掌握影视编辑设备（线性和非线性设备）和影视编辑技巧，进行影视特技制作的技术。

1.1 线性编辑和非线性编辑

这里讨论的线性和非线性概念主要是从视频信息储存的方式出发来区别的，与一般数学、物理上的线性和非线性的含义不同。

1.1.1 线性编辑

线性编辑是指录像机通过机械运动使用磁头将视频（Video）信号顺序记录在磁带上，在编辑时依据相同的顺序寻找所需视频画面的一种传统编辑模式。传统的影视编辑是在编辑机上进行的。编辑机通常由一台放像机和一台录像机组成。剪辑师通过放像机选择一段合适的素材，然后把它记录到录像机中的磁带上，再寻找下一个镜头。此外，高级的编辑机还有很强的特技功能，可以制作各种叠化、划像，可以调整画面颜色，也可以制作字幕等。但是由于磁带记录画面是有顺序的，编辑人员无法在已有的画面之间插入一个镜头，也无法删除一个镜头，除非把这之后的画面全部重新录制一遍。例如，如果画面按照 A、B、C 的顺序来记录的话，那么在查找和编辑画面 C 时，必须经过画面 A 和 B，而不能跳过它们直接到画面 C。用传统的线性编辑方法在插入与原画面时间不等的画面或删除节目中的某些片段时都要进行重编，这种传统的线性编辑方式给编辑人员带来了很多限制，这些局限性大大降低了剪辑人员的创造力，使宝贵的时间被浪费在烦琐的操作过程中；并且每重编一次，视频质量都会有一定程度的损失，导致画面效果有所下降。而现代的非线性编辑让操作者打破了这些限制。

1.1.2 非线性编辑

非线性编辑并不是一个新术语，电影胶片剪辑的全过程就是一个非线性编辑的过程。非线性编辑是把各种视频和音频信号进行模拟或数字转化，采用数字压缩技术存入计算机硬盘中。由于不是采用磁带而是用硬盘作为储存介质，记录的又是数字化的视频和音频信号，因此可以跳转到任意一帧画面，对数据进行读取、修改或编辑的操作，实现视频和音频的非线性编辑。

非线性视频编辑是对数字视频文件的编辑和处理，与计算机处理其他数据文件一样，用户可以随时、随地、多次地编辑和处理。并且由于非线性编辑系统在实际编辑过程中只记录编辑点和特技效果的变化参数，因此任意地剪辑、修改、复制和调整画面前后顺序，都不会导致视频文件质量的下降，这克服了传统线性编辑的致命弱点。非线性编辑系统设备日趋小型化，功能程度越来越高，与其他非线性编辑系统或普通个人计算机联网实现网络资源共享也变得越来越便捷，这一切都是非线性编辑的强大优势和魅力所在。

1.2 影视后期制作内容

一般来说，影视后期制作包括三方面的内容：一是组接镜头，也就是平时所说的剪辑；二是特效的制作，比如镜头的特殊转场效果、淡入淡出以及圈出圈入等，现在还包括动画以及 3D 特殊效果的使用；三是声音的制作，这是随着声音和立体声进入电影后产生的，其中包括电影理论中出现的垂直蒙太奇等。这三者是影视后期制作必不可少的组成部分。

随着影视制作技术的迅速发展，后期制作又肩负起了一个非常重要的职责：特技镜头的制作。特技镜头是指通过直接拍摄无法得到的镜头。早期的影视特技大多是通过模型制作、特技摄影、光学合成等传统手段完成的，主要在拍摄阶段和洗印过程中完成。计算机的使用为特技制作提供了更多更好的手段，也使许多过去必须使用模型和摄影手段完成的特技可以通过计算机制作完成，所以更多的特技效果就变成了后期制作的工作。

1.3 影视后期制作常用软件

影视后期制作常用的剪辑软件有 Adobe Premiere Pro、Final Cut Pro、EDIUS、Sony Vegas、Autodesk Smoke 等。其中 Adobe Premiere 是一款非常常用的视频编辑软件，由 Adobe 公司推出，它是一款编辑画面质量比较好的软件，有较好的兼容性，且可以与 Adobe 公司推出的其他软件相互协作。因此，这款软件被广泛应用于广告制作和电视节目制作中。

影视后期制作常用的合成软件有 After Effects（简称 AE）、Combustion、DFsion、Shake 等。其中，After Effects 同样具有与 Adobe 公司推出的其他软件相互兼容的良好性能。它可以非常方便地调入 Photoshop、Illustrator 的层文件；Premiere 的项目文件也可以近乎完美地再现于 After Effects 中；甚至还可以调入 Premiere 的 EDL 文件。新版本的 After Effects 还能将二维和三维在一个合成中灵活地混合起来。用户可以在二维或者三维中工作或者混合起来，并在层的基础上进行匹配。使用三维的层切换可以随时将一个层转化为三维的；二维和三维的层都可以水平或垂直移动；三维的层可以在三维空间里进行动画操作，同时保持与灯光、阴影和相机的交互影响；并且 After Effects 支持大部分的音频、视频、图文格式，甚至还能将记录三维通道的文件调入进行更改。

影视后期制作常用的三维软件有 3ds Max、Maya、Softimage、Zbrush 等。

市场上流行的影视后期制作软件有很多，那么应如何选用合适的软件呢？

首先，影视后期制作分为视频合成和非线性编辑两部分，两者缺一不可。视频合成用于对众多不同的元素进行艺术性组合和加工，实现特效、剪辑和片头动画；而非线性编辑可以实现对数字化的媒体随机访问、不按时间顺序记录或重放编辑。After Effects 擅长视频合成，支持从 4×4 到 30000×30000 像素分辨率，可以精确定位到一个像素点的 0.6%，特效控制等功能非常强大。而 Premiere 在非线性编辑领域同样具有突出优势。由于 After Effects 和 Premere 均出自 Adobe 公司，其协调性极好。

其次，必须紧跟市场的发展需求，因此应尽量选用最流行、潜力最大的软件。国产的 VideoStudio 简单易用，但是功能较弱；Vegas 功能不俗，但在易用性、扩展性方面明显不如 Adobe 风格的软件。众所周知，Adobe 解决方案早已成为数码成像领域的"金科玉律"，例如 Photoshop、Flash、Dreamweaver、Acrobat 等均为业界标准。作为 Adobe 旗下的软件，After Effects 和 Premiere 同样具有 IT 人员所熟知的 Adobe 风格界面，这就降低了学习难度；同时，它们在导入 Photoshop、Illustrator 等图像文件时，具有得天独厚的兼容性优势。

第 2 节　影视后期制作的基础概念

2.1 帧速率

帧速率也称 FPS（是 Frames Per Second 的缩写），即帧/秒，是指每秒钟刷新的图片帧数，也可以理解为在视频里每秒钟可以播放多少张图片。帧速率越高，每秒钟刷新的图片帧数就越多，所显示的动作画面就越流畅，动画就越逼真。当然过低的帧速率会使动作画面播放不流畅，从而使画面产生跳跃现象。

由于人眼有视觉滞留现象，当图像播放得比较快时，人们会认为图像中的静态元素动了起来。就像放电影一样，视频是由一系列的单独图像组成的，若每秒钟在观众面前的屏幕上放映若干张图像，则会产生动态的图像效果。要生成平滑连贯的动画效果，帧速率范围一般为 24 ～ 30fps。虽然帧速率能够提供平滑连贯的动画效果，但它们还没有达到可以使视频显示避免闪烁的程度。根据实验，人眼可以察觉到以低于 0.02 秒速度刷新图像中的闪烁。然而要求帧速率提高到这种程度，显然要增加系统的频带宽度，这是比较困难的。为了避免这样的情况发生，电视系统全部采用了隔行扫描法。

2.2 扫描方式和场

通常显示器分为隔行扫描和逐行扫描两种扫描方式。

电脑显示器采用逐行扫描方式，即从屏幕左上角的第一行开始由左向右水平扫描，当扫描点到达图像右侧边缘时，快速返回左侧进行下一行扫描，整个图像扫描一次完成。因此，图像显示闪烁小，显示效果好。

传统电视机采用隔行扫描方式，即先从图像的奇数行（或偶数行）开始扫描，扫描完所有奇数行（或偶数行）后，再使用相同的方法扫描偶数行（或奇数行），以填充上一场扫描留下的空缺，即分两场显示一张图像。

场是隔行扫描的产物，扫描一帧图像时由上到下扫描，先扫奇数行，再扫偶数行，由上到下扫描一次叫作一个场，一帧图像需要两场扫描完成。使用计算机制作动画时，为了能够制作更加自然的动作，必须采用逐行扫描方式。

2.3 电视播放制式和网络制式

电视播放制式是实现电视画面、音频及其他电视信号正常传输与重现的方法和技术标准，即电视标准。After Effects 中的制式有 NTSC 制式、PAL 制式和网络制式三种。

（1）NTSC 制式。

NTSC 制式由美国国家电视系统委员会（National Television System Committee）制定，简称 NTSC 制式，视频帧速率为 29.97fps，标准分辨率为 720px×480px，隔行扫描。采用这种制式的国家有美国、加拿大、墨西哥、日本和韩国等。

（2）PAL 制式。

PAL 是英文"Phase Alteration Line"的缩写，视频帧速率为 25fps，隔行扫描，标准分辨率为 720px×576px。采用这种制式的国家有中国，德国、英国等大部分欧洲国家，南美国家和澳大利亚等。

（3）网络制式。

网络制式分为两种，即分别以"HDV"和"DVCPRO"开头的，后者是由日本松下公司开发的一种专业数字广播摄录格式，在 After Effects 中使用不多。

2.4 像素和分辨率

像素和分辨率是影响视频质量的重要因素，与视频的播放效果有着密切联系。

图像是由像素组成的。将一张图片放大到千倍以上可以看到该图片其实是由一个个单色的小方块组成的，其中的每个小方块就是一个像素。

分辨率也称为"解析度"，是指一幅图像中像素的数量，通常用"水平方向像素数量 × 垂直方向像素数量"来表示，如 1280×720、1080×1920、3840×2160 等。

像素与分辨率对视频质量的影响表现为：在视频画面尺寸相同的情况下，像素数量越多，分辨率就越高，视频的清晰度也就越高；反之，视频清晰度就越低。

2.5 标清和高清

如果将视频按画面清晰度来分类，则可分为标清（SD）和高清（HD）两种。这两者是分辨率上的差别，而不是文件格式上的差异。

标清（Standard Definition，简称 SD）是物理分辨率在 720P 以下的一种视频格式。720P 是指垂直分辨率为 720 线，逐行扫描。"标清"视频格式，即为标准清晰度。

高清（High Definition，简称 HD），垂直分辨率达到 720P 以上是高清视频的准入门槛，包括 1080P、1080i 等。目前市场上大部分视频都采用高清视频。

2.6 采集

摄像机拍摄的视频素材不能直接拿到电视上播放，需要对拍摄的视频进行必要的剪辑与特效处理，而这些操作是无法直接通过摄像机来完成的。

我们在对视频素材进行非线性编辑处理之前，首先要将模拟的视音频转化为信号储存到计算机硬盘中，这个过程称为采集，又可称为素材数字化。

采集过程其实是一个模数转换的过程。对于视频信号来说，一般是以 YUV 模式分三路进行模数转换，而视频信号的这三个分量的模数转换是分别进行的，这里又涉及另一个概念——采样格式。采样格式是指 Y、U、V 三种信号采样速率的比率，目前有 4∶4∶4、4∶2∶2、4∶1∶1 及 4∶2∶0 几种。其中 4∶4∶4 方式是指 Y、U、V 三种信号采用相同的采样速率；而其他几种方式则是利用人眼对亮度信号（Y）敏感而对色度信号（U）不敏感的特点，降低色差信号的采样频率以提高方案为 4∶2∶2，即亮度信号采样频率约为色度信号采样频率的 2 倍，为 13.5MHz。在 DV 格式、DVCAM 格式和 DVCPRO 格式等数字视频格式中，则采用 4∶1∶1 的方案。在使用非线性编辑系统进行电影剪辑和电影特效制作时，一般采用 4∶4∶4 的方案。

2.7 压缩比

模拟视音频信号采集到计算机中，如不进行压缩，其数据量占用空间非常大。若采用无压缩比的采集和储存方式，1G 硬盘只能储存不到 50 秒的视频素材。为解决这一问题，只有采用图像压缩技术，因而我们需要了解另一个概念——压缩比。

图像压缩可分为两大类：有损压缩和无损压缩。

（1）有损压缩。

有损压缩丢弃一些数据，以便获得较低的位速。心理声学压缩和心理视觉压缩是有损压缩技术，压缩结果是文件变小，包含的源数据也更少。每次以有损文件格式保存文件时，都会损失部分数据，即使使用同一种格式保存也是如此。较好的做法是：只在项目的最后阶段才使用有损压缩。

（2）无损压缩。

"无损"一词的意思是"不丢失数据"。当一个文件以无损格式压缩时，全部数据仍然存在。这与压缩文档很相似，文档文件虽然变小了，但解压之后每一个字都还存在。我们可以反复无损压缩视频而不会丢失任何数据，这种压缩只是将数据压缩到更小的空间。无损压缩节省的空间较少，因为在不丢失信息的前提下，只能将数据压缩到这一程度。

我们如果使用无损压缩的方法，数据压缩后再解压，可以得到没有损失的原始图像，但这种压缩方法的压缩效果不大，没有太大的实际意义。而使用有损压缩时，解压后的图像相对于原始图像来说画质有所降低，信息有一定的损失，但其误差并不大，压缩以后并不影响作品的最终视觉效果，因为它只影响人的视觉不能感受到的那部分视频。通过上面对图像有损压缩和无损压缩的解释，可以总结出压缩比的概念为数字化视频信息压缩前后文件大小（信息量）的比率。不同压缩比对像质的影响是不同的，较小的压缩比对像质影响不大，较大的压缩比会使像质明显降低。目前非线性编辑系统中应用较为广泛的是（M-JPEG）有损压缩算法。M-JPEG 采用帧内压缩，符合视频编排逐帧进行的要求，对称式压缩分解压缩结构，编解码可用相同的软、硬件实现，算法功能运算速度快，编辑精确到帧，成为其广泛运用于非线性编辑系统的原因。

第 3 节　初识 After Effects CC 2018

3.1 After Effects 概述

Adobe After Effects 简称"AE"，是 Adobe 公司基于 PC 和 MAC 平台推出的一款图形、视频特效处理软件，它是最早出现在 PC 平台上的着眼于高端视频编辑系统的专业型非线性编辑特效合成软件。AE 汇集了当今许多优秀软件的编辑思想（如 Photoshop 层的概念、三维动画的关键帧、运动路径、粒子系统等）和现代非线性技术，通过对多层的合成图像控制，能够产生高清晰度的视频，控制高级三维动画的复杂运动，制作具有时间变化的顶级视觉效果。

After Effects 还保留了 Adobe 软件优秀的相互兼容性，在 After Effects 中可以轻易地引入 Photoshop、Illustrator 层文件。Photoshop 中层概念的引入，使 After Effects 可以对多层的合成图像进行控制，从而制作出"天衣无缝"的合成效果；关键帧、路径概念的引入，使 After Effects 对于控制高级的三维动画如鱼得水；高效的视频处理系统，确保了高质量的视频输出；而令人眼花缭乱的特技系统，更使 After Effects 能够实现使用者的一切创意。Premiere 的项目文件也可以被完整地调入，并可以完整保留源文件的特征及属性，支持三维空间运算，大大增强了摄像机以及灯光效果，使工作更简单快捷。

3.2 After Effects CC 2018 的新特性

After Effects CC 2018 主要新增功能介绍如下。

（1）数据驱动的动画：使用导入的数据制作动态图形（如图表和图片）动画。借助自定义框架，第三方合作伙伴可以编写供其他人使用的数据文件素材，用于在 After Effects 中创建动画、饼图、滑块或高质量的动态图形，如图 1-3-1 所示。

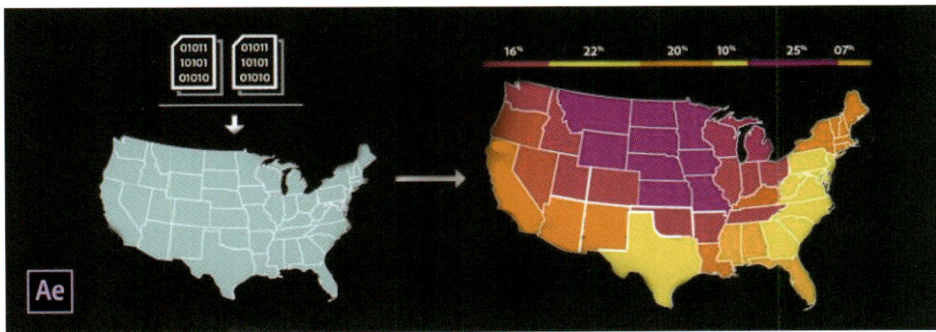

图 1-3-1

（2）通过表达式访问蒙版和形状点：以前所未有的方式将你的图形制作成动画，无须逐帧制作动画，即可使用表达式将蒙版和形状点链接到其他蒙版、形状或图层。使用一个或多个点和控制柄，并可以应用多种数据驱动的新增功能。

（3）"通过路径创建空白"面板：能够创建表达式驱动的动画，而无须自己编写表达式。该面板为每个路径和形状点创建空白。此脚本使用新表达式访问路径点来自动画对这些空白的链接，并创建交互式动画。

（4）360/VR 编辑工具：创建高品质的 VR 作品、效果、字幕和无缝过渡，以增强沉浸式视频体验。

（5）GPU 加速改进。以下效果在 After Effects CC 2018 中已实现 GPU 加速：图层变换（位置、旋转、不透明度等）、图层运动模糊、双立方采样变换效果、定向模糊效果、使用 Premiere Pro Mercury GPU 加速 API 的第三方效果等。

第2章 After Effects CC 2018 基础

本章将介绍 After Effects CC 2018 的界面，用户将主要学习菜单栏、项目面板、时间轴面板等重要的面板。通过本章，用户将会学习到 After Effects CC 2018 中各方面的工作定制及工作空间的使用方法，以便提高自己的工作效率。

- ★ 菜单栏
- ★ 工具面板
- ★ 合成面板
- ★ 项目面板
- ★ 时间轴面板
- ★ 其他常用面板
- ★ 软件的初始设置
- ★ 建立合成和导入素材

现今，After Effects 已经广泛运用于数字电视、电影、动画的后期制作中，而多媒体和互联网也为 After Effects 提供了广阔的发展空间。After Effects 发展到今天，不俗的能力、眼花缭乱的特效、高效的视频处理系统让这款软件大放异彩。它的功能很强大，那么我们应该如何来高效地学习这个软件呢？首先我们得了解 After Effects 是怎么工作的，即工作流程。如图 2-0-1 所示，为 After Effects 的工作流程图。

整个工作流程可简单地分为前、中、后三个阶段，前期需要统筹规划后落实到文案和脚本上，中期进行制作合成，后期输出成片。我们现在要学习的是中期的制作合成，而制作合成大概分为四个阶段：创建项目、导入素材、合成制作、输出。知道了工作的流程，那么我们就可以开始有步骤地学习 After Effects CC 2018 这款软件。

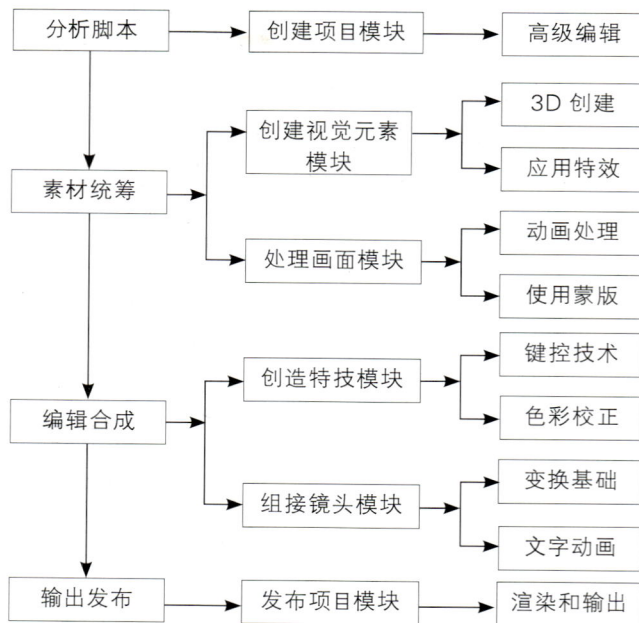

图 2-0-1

第 1 节 After Effects CC 2018 工作界面

1.1 标准工作界面

启动 After Effects CC 2018 之后，该软件的工作界面如图 2-1-1 所示。此时软件显示的是"标准"工作区，也是该软件的默认工作界面。

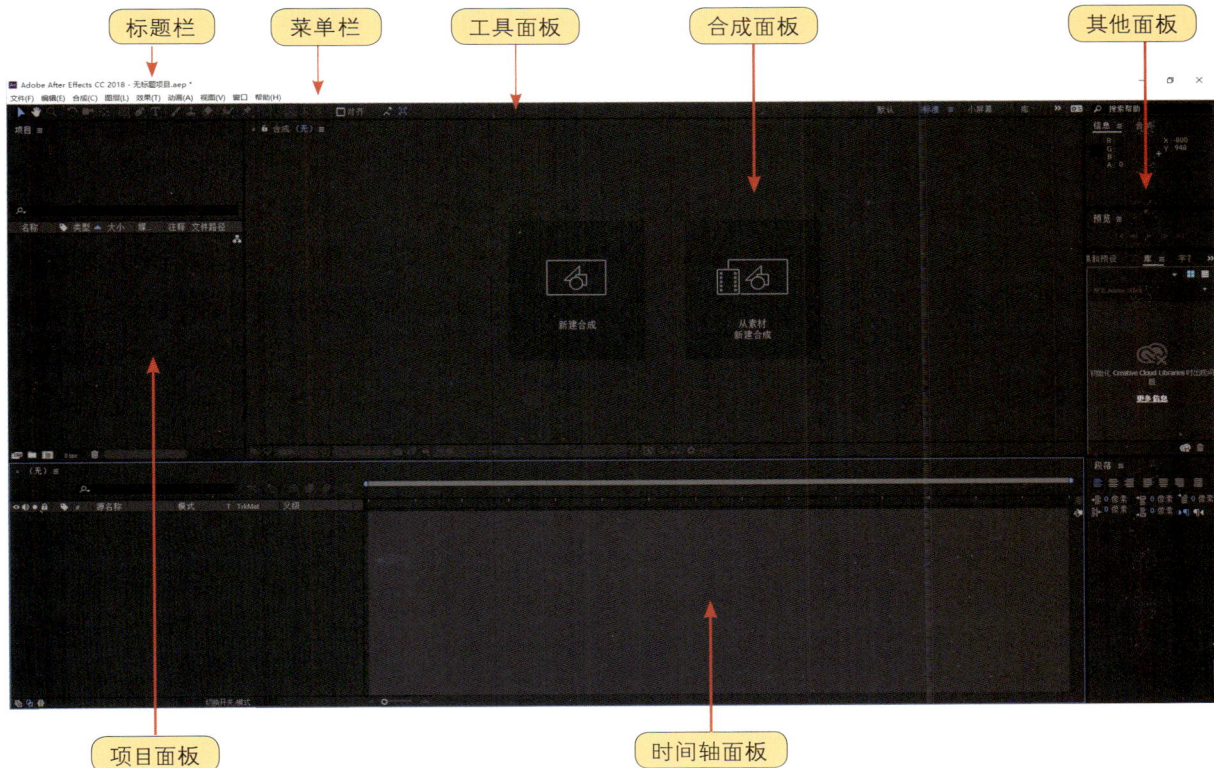

图 2-1-1

从图中可以看出，After Effects CC 2018 的标准工作界面很简洁、布局清晰。总体来说，"标准"工作区主要由 7 大部分组成：标题栏、菜单栏、工具面板、合成面板、项目面板、时间轴面板和其他面板。

1.2 标题栏和菜单栏

标题栏主要用于显示软件版本、软件名称和项目名称等。

菜单栏包括文件、编辑、合成、图层、效果、动画、视图、窗口和帮助 9 个菜单。

1.3 工具面板

工具面板中包含了 14 种常用工具，其中右下角有黑色小三角的表示有隐藏 / 扩展工具，按住鼠标左键不放即可展开扩展工具，如图 2-1-2 所示。

图 2-1-2

▶ 选取工具：用于在合成图像和图层窗口中选取、移动对象。

✋ 手形工具：当素材或对象被放大超过窗口的显示范围时，可选择手形工具。

🔍 缩放工具：用于放大或缩小视图。

↻ 旋转工具：用于在合成图像和层窗口中对素材进行旋转操作。

🎥 统一摄像机工具：在建立摄影机后，该按钮被激活，可以使用该工具操作摄像机。

▦ 向后平移（锚点）工具：可以改变对象的轴心点位置。

▢ 矩形工具：可以建立矩形遮罩。点开扩展选项，可以选择很多其他形状的遮罩。

✒ 钢笔工具：用于为素材添加不规则遮罩。

T 横排文字工具：为合成图像加入文字层，支持文字的特效制作，功能强大，点开扩展选项可以选择竖排文字工具。

🖌 画笔工具：画笔工具不是在合成中使用的，是在层模式下使用的，操作就是双击素材在层模式下打开后方可使用。

🔨 仿制图章工具：用来复制素材的像素。

◆ 橡皮擦工具：擦除多余的像素。

✦ Roto 笔刷工具：能够帮助用户在正常时间片段中独立出移动的前景元素。

✶ 操控点工具：用来确定木偶动画时的关节点位置。

1.4 项目面板

项目面板主要用于存放素材和合成，所有用于合成的素材首先必须在项目面板中导入，其功能类似于库，如图 2-1-3 所示。

（1）搜索栏：可以在项目窗口中搜索素材，当项目窗口中有较多的素材、合成或文件夹时，可以使用这个功能进行快速搜索。

（2）解释素材按钮：用来设置选择素材的透明通道、帧速率、上下场、像素以及循环次数。

（3）新建文件夹按钮：单击该按钮可以在项目窗口中新建一个文件夹。我们可以用新建文件夹按钮来分类管理素材和合成。

（4）新建合成按钮：单击该按钮可以在项目窗口中新建一个合成。

（5）删除所选项目项按钮：单击该按钮可以将项目窗口中所选择的素材删除。

在项目窗口的左上角有一个扩展按钮，左键单击可以展开扩展按钮，扩展菜单中的内容如图 2-1-4 所示。

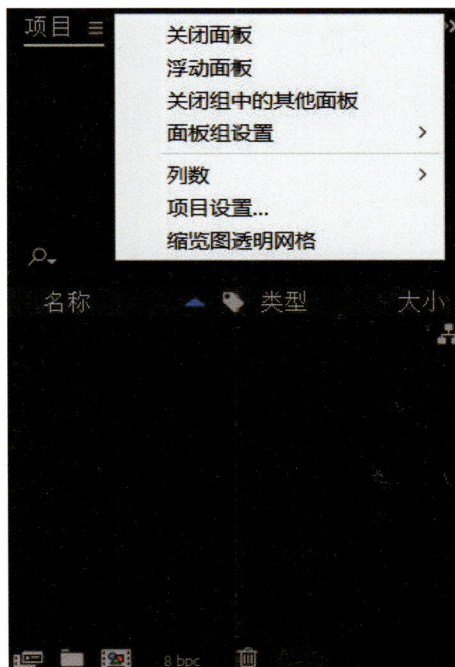

图 2-1-3　　　　　　　　　　　　　　图 2-1-4

关闭面板：将当前的一个面板关闭显示。

浮动面板：将项目面板撕下。

列数：项目窗口中所显示的素材信息栏队列内容，其下级菜单中勾选上的内容均被显示在项目窗口中。

项目设置：打开项目设置窗口，在其中进行相关的项目设置。

缩览图透明网格：当素材具有透明背景时，勾选此选项能以透明网格的方式来显示缩览图的透明背景部分。

1.5 合成面板

合成面板主要用于查看显示视频合成效果，其操作都是围绕视频的合成效果来进行的，如图 2-1-5 所示。窗口下方有很多控制按钮，通过它们我们可以对视图进行有效的预览。

始终预览当前视图。

主查看器：使用此查看器进行音频和外部视频预览。

Adobe 沉浸式环境：该菜单包括"关""单像""立体顶部 / 底部""立体并排"和"'视频预览'首选项"5 个选项。

放大率弹出式菜单：显示从预览窗口看到的图像的显示大小。

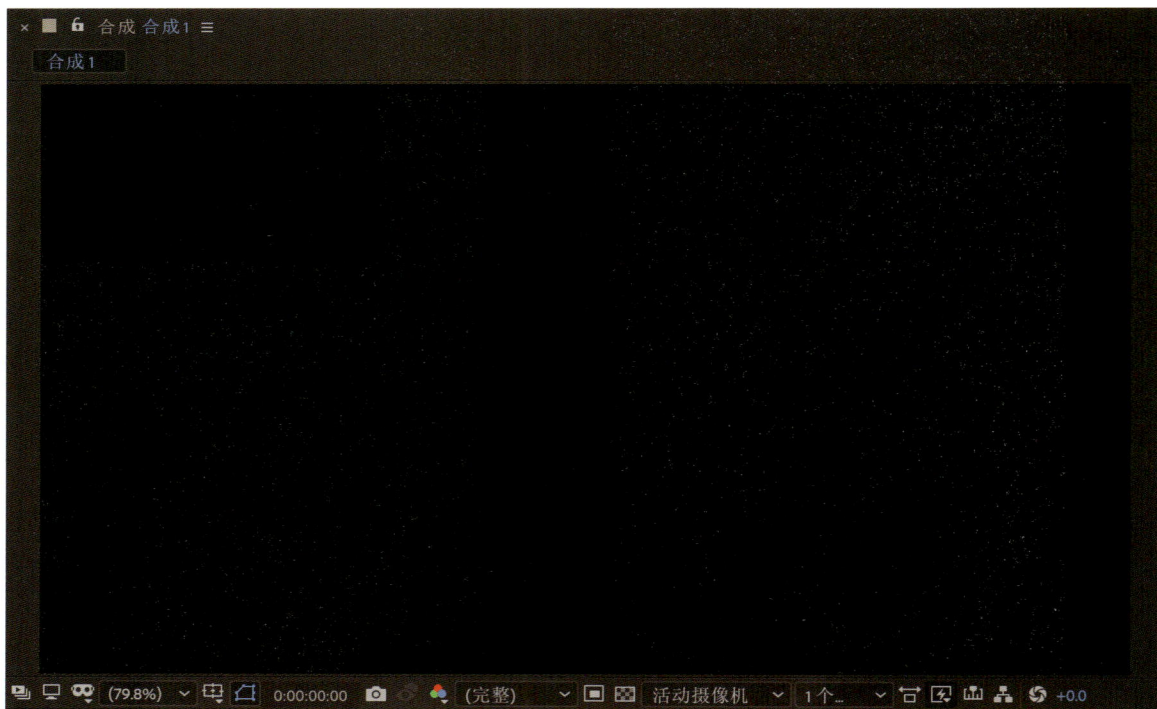

图 2-1-5

选择网格和参考线选项：该菜单包括"标题/动作安全""对称网格""网格""参考线""标尺"和"3D 参考轴"6 个选项。

切换蒙版和形状路径可见性：切换视图蒙版。

0:00:00:00 预览时间：显示当前时间指针所在位置的时间。

拍摄快照：捕获快照。

显示快照：显示最后的快照。

显示通道：显示通道及颜色管理设置。

完整 分辨率/向下采样系数弹出式菜单：清晰度。

目标区域：在预览窗口中只查看制作内容的某一个部分时，可以使用该图标。

切换透明网格：可以将预览窗口的背景从黑色转换为透明显示（前提是图像带有 Alpha 通道）。

活动摄像机 3D 视图弹出式菜单：摄像机角度视图。

1个 选择视图布局：可以将预览窗口设置成三维软件中的视图窗口那样。

切换像素长宽比校正：单击该按钮可以改变像素的纵横比例。

快速预览：用来设置预览素材的速度。

时间轴：时间线。

合成流程图：合成流程视图。

重置曝光度：重新设置曝光。

+0.0 调整曝光度：调节曝光度（仅影响视图）。

在合成面板左上角为菜单按钮，在此可以对合成窗口分离、最大化视图选项设置及关闭等相关操作，如图 2-1-6 所示。

合成设置：当前合成的设置。

启用帧混合：打开合成中视频的帧混合开关。

启用运动模糊：打开合成中运动动画的运动模糊开关。

草图 3D：以草稿形式显示 3D 图层，这样可以忽略灯光和阴影，从而加速合成预览时的渲染和显示。

透明网格：取消背景颜色的显示，以透明网格的方式显示背景，有助于查看有透明背景的图像。

图 2-1-6

1.6 时间轴面板

视频合成的大部分操作都是在时间轴面板中进行的。时间轴面板分为图层区和时间线区两部分，如图 2-1-7 所示。

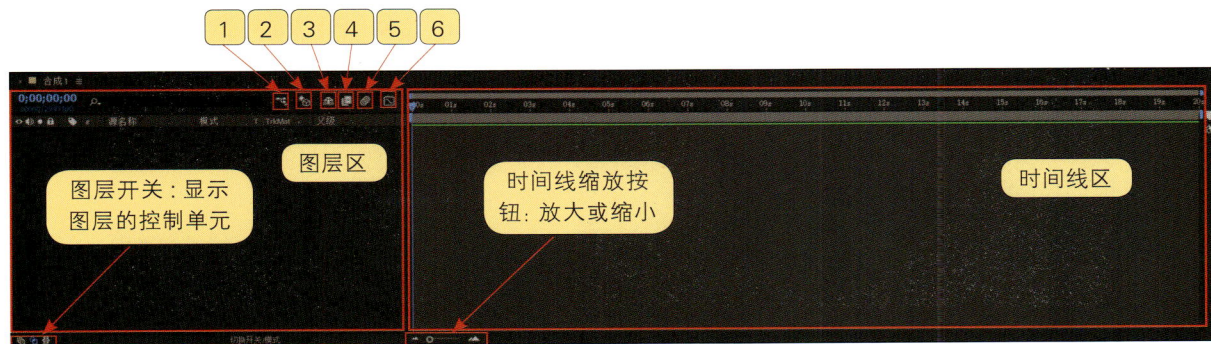

图 2-1-7

（1）合成微型流程图：显示当前合成及与它相关联的流程。

（2）3D：在草图 3D 状态下，在三维合成时，After Effects CC 2018 不会计算耗时比较长的效果。

（3）躲避开关：开启状态下，所有被设置了躲避效果的图层会被隐藏。这里的隐藏不是在合成中隐藏，而是在 Time line（时间线）中暂时不显示出来。

（4）帧混合开关：开启状态下，After Effects CC 2018 在渲染时会计算所有图层的帧混合效果。在改变了素材的播放速度时，帧混合效果能改变素材闪烁的问题。

（5）运动模糊开关：开启状态下，After Effects CC 2018 在渲染时会计算所有运动模糊效果。运动模糊指图层的运动而不是素材内容中物体的运动。

（6）图表编辑器：当图层中存在动画时，After Effects CC 2018 会利用动画曲线来进行精细的调整。

1.7 其他常用面板

在 After Effects CC 2018 中，还有一些其他的常用面板，如效果控件面板、信息面板、音频面板、预览面板、效果和预设面板、图层面板等。这里我们进行简单的说明，在后面的章节中再进行详细讲解和应用。

（1）效果控件面板：可以对选中素材的特效进行编辑，在这里我们可以通过对参数的设置来达到想要的效果，并且特效中可调节的参数都可以设置关键帧，如图 2-1-8 所示。

（2）预览面板：可以对影片进行内存预览、上一帧、下一帧、回到第一帧、退到最后一帧等操作，如图 2-1-9 所示。

（3）信息面板：不仅可以显示影片像素的颜色、透明度和坐标，还可以在渲染影片时显示渲染提示信息和上下文的相关帮助提示等。当拖曳图层时，还会显示图层的名称、图层轴心以及拖曳产生的移位等信息，如图 2-1-10 所示。

图 2-1-8

图 2-1-9

图 2-1-10

第 2 节　软件的初始设置

在刚刚安装好 After Effects 之后，我们需要对软件进行初始设置，让软件更加符合我们的使用习惯，以便我们工作起来更加有效率。

2.1 按照每秒 25 张图导入图片序列

执行命令"① 编辑 > ② 首选项 > ③ 常规"，如图 2-2-1 所示，弹出"首选项"窗口后执行命令"④ 导入"，⑤ 将"序列素材"中"帧 / 秒"的数值设置为 25，如图 2-2-2 所示。

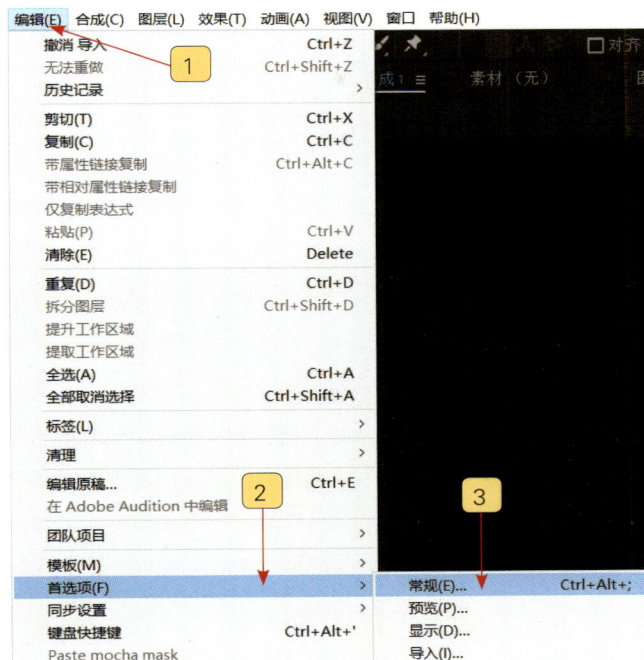

图 2-2-1

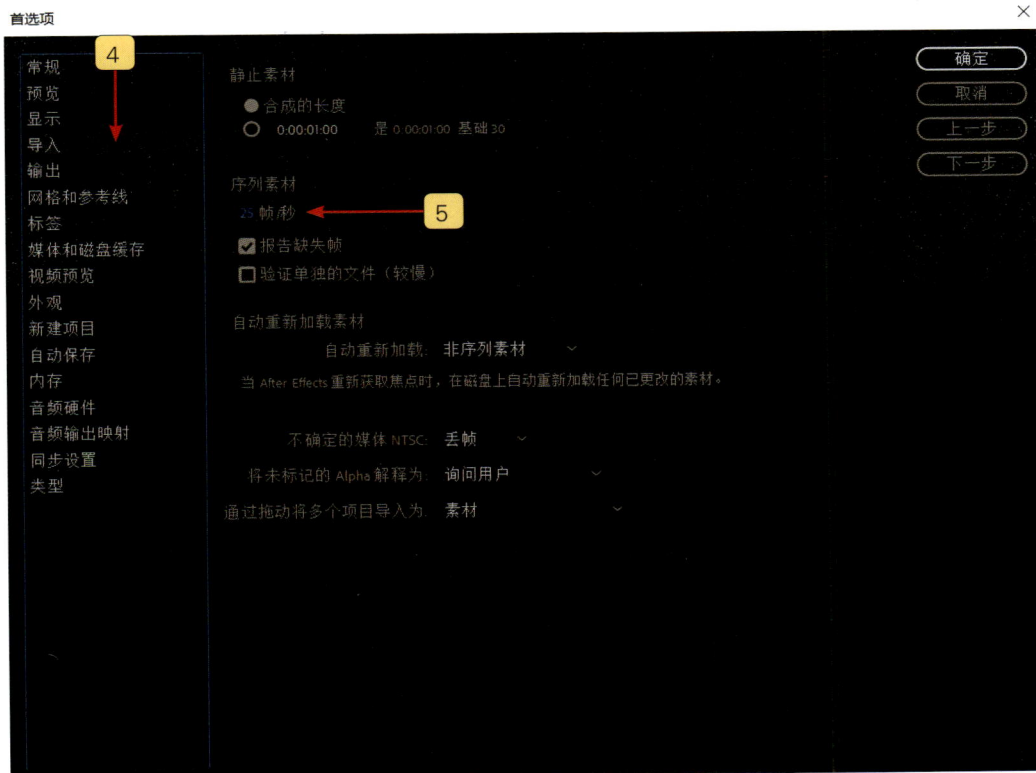

图 2-2-2

2.2 磁盘缓存设置

如果在使用 After Effects 时感觉到软件运行得很卡，或者渲染时需要很长时间，或者在预览窗口进行 RAM 预览时运行很慢，最根本、最有效的方法是增加存储容量，所以暂存盘要设置在存储容量最大的磁盘中。执行命令"① 编辑 > ② 首选项 > ③ 媒体和磁盘缓存"，如图 2-2-3 所示。

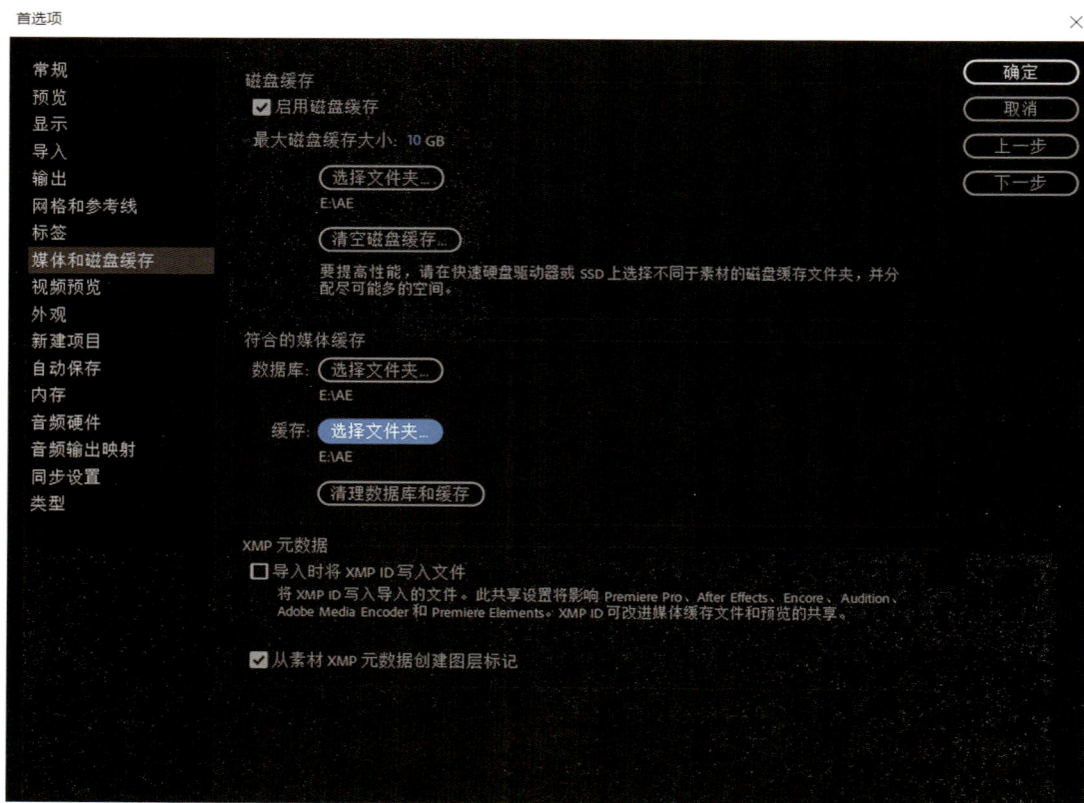

图 2-2-3

第 3 节　建立合成与导入素材

这一节讲解使用 After Effects CC 2018 工作的第一步——建立合成与导入素材。在讲解之前，首先要了解什么是合成，什么是素材。

3.1 合成和素材的概念

合成是把层进行组合，并为层添加效果以及动画的过程。层是构成合成图像的基本元素。素材就是以层的形式出现，例如我们将音乐素材导入合成中就会形成一个音频图层，将图片素材导入合成中就会形成图片图层。After Effects CC 2018 可以实现的每一个效果都是在合成中进行制作的。

素材是 After Effects 制作的根本，没有素材就没有办法进行合成。在 After Effects 中素材分为以下几大类：图片素材、视频素材、音频素材、自建素材、特殊素材。

3.2 创建合成

创建合成主要有以下 3 种方法。

方法一：执行菜单命令"① 合成 > ② 新建合成"。

方法二：在项目面板中单击"新建合成"按钮 。

方法三：直接按快捷键 Ctrl+N 或选中项目面板中的素材，将其拖曳到"新建合成"按钮 上。After Effects 将自动根据素材大小和像素长宽比建立合成，如图 2-3-1 所示。

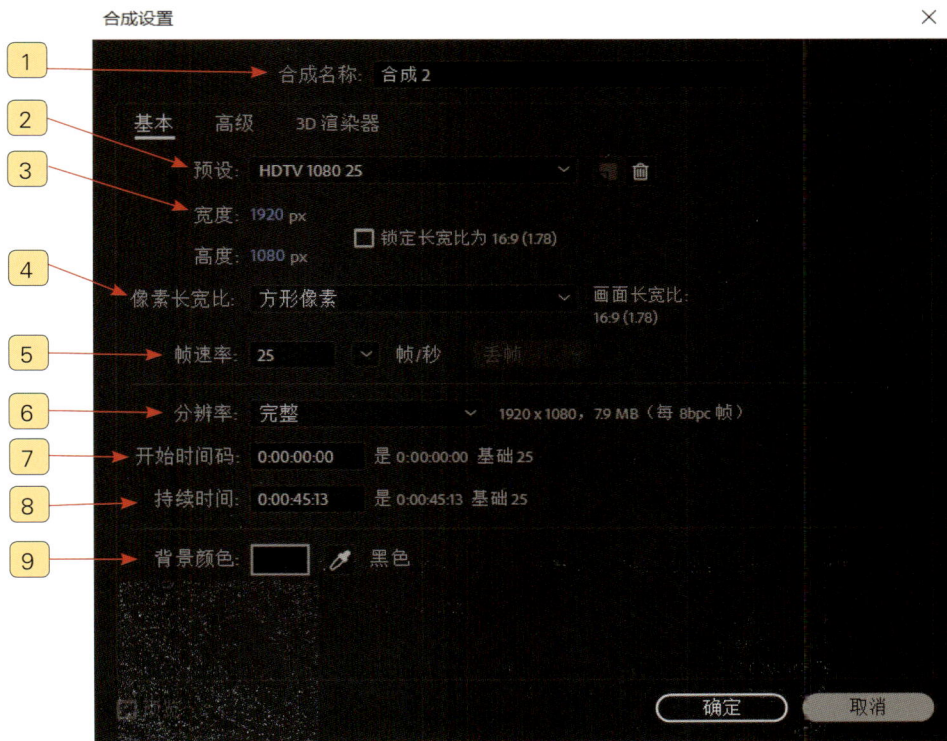

图 2-3-1

"合成设置"基本参数介绍如下。

（1）合成名称：设置要建立合成的名字。

（2）预设：选择预设的影片类型，用户可以选择"自定义"来进行影片类型的设置。

（3）宽度 / 高度：设置合成的尺寸，单位为 px（即像素）。

锁定长宽比：选择该选项时，将锁定合成尺寸的宽高比，这样当调节"宽度"或"高度"其中一个参数时，另一个参数也会按照比例自动进行调整。

（4）像素长宽比：用于设置单个像素的宽高比例，可以在下拉列表中选择预设的像素宽高比，如图2-3-2所示。

（5）帧速率：用来设置项目合成的帧速率。

（6）分辨率：设置合成的分辨率。

（7）开始时间码：设置合成的开始时间，默认情况下从第0帧开始。

（8）持续时间：设置合成的总共持续时间。

（9）背景颜色：设置合成的背景颜色。

设置完成后，单击"确定"按钮关闭对话框，即可建立合成。

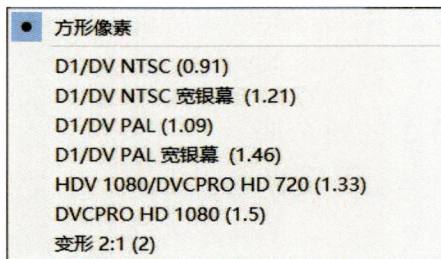

● 方形像素
D1/DV NTSC (0.91)
D1/DV NTSC 宽银幕 (1.21)
D1/DV PAL (1.09)
D1/DV PAL 宽银幕 (1.46)
HDV 1080/DVCPRO HD 720 (1.33)
DVCPRO HD 1080 (1.5)
变形 2:1 (2)

图2-3-2

3.3 导入素材

当开始一个项目时，首先要完成的工作便是将素材导入项目中，导入素材有以下两种方法。

方法一：执行命令"① 文件 > ② 导入 > ③ 文件"或者按快捷键"Ctrl+I"打开"导入文件"对话框，然后在磁盘中选择需要导入的素材，单击"导入"即可将素材导入到项目面板中，如图2-3-3、图2-3-4所示。如需导入多个单一素材文件，可以配合"Ctrl"键加选素材。在"导入文件"对话框中选择"序列"选项，可以以序列的方式导入素材。

在导入含有图层的素材文件时，After Effects可以保留文件中的图层信息。例如Photoshop的psd文件和Illustrator的ai文件，可以选择以"素材"或"合成"的方式进行导入，如图2-3-5所示。以"合成"方式导入素材时，After Effects会将整个素材作为一个合成。在合成里面，原始素材的图层信息可以得到最大限度地保留，用户可以在这些原有图层的基础上再次制作一些特效和动画。此外，采用"合成"方式导入素材时，还可以将"图层样式"信息保留下来，也可以将图层样式合并到素材中。

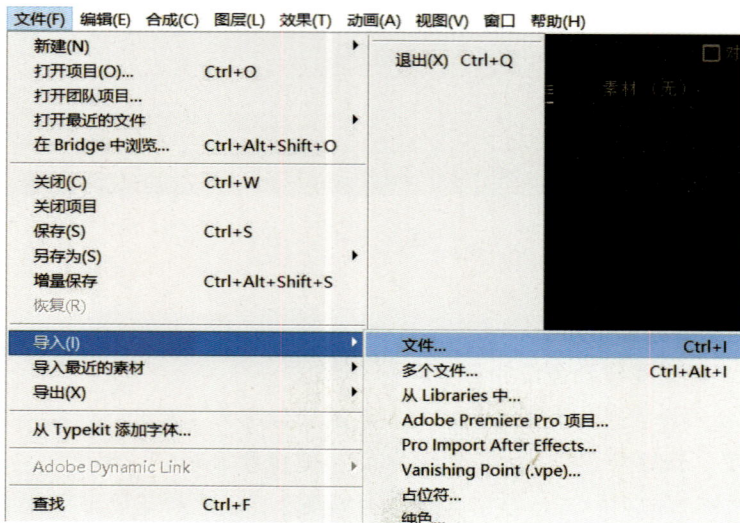

图2-3-3

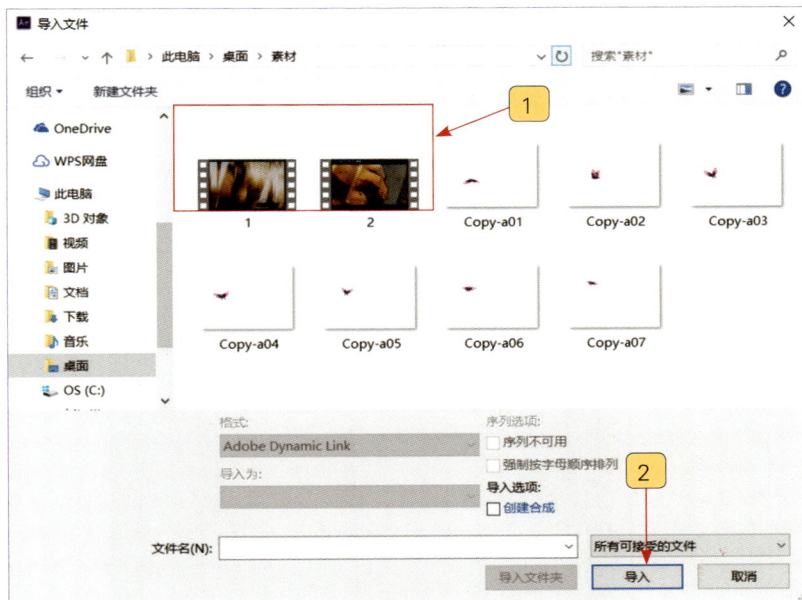

图 2-3-4

以"素材"方式导入素材时，用户可以选择以"合并的图层"的方式将原始文件的所有图层合并后一起进行导入，也可以选择"选择图层"的方式选择某些特定图层作为素材进行导入。

另外，选择单个图层作为素材进行导入时，还可以选择导入的素材尺寸是按照"文档大小"还是按照"图层大小"进行导入，如图 2-3-6 所示。

方法二：双击项目面板空白处即可弹出"导入文件"对话框，也可将文件拖曳到项目面板中。

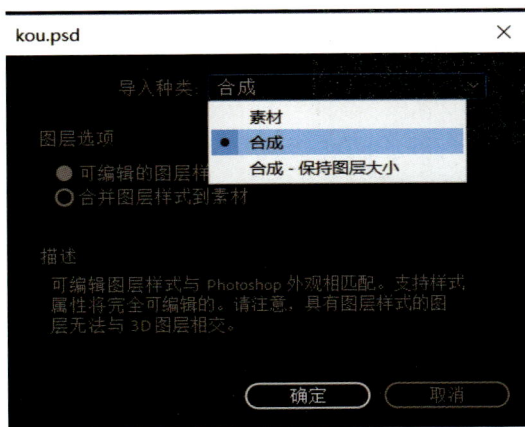

图 2-3-5

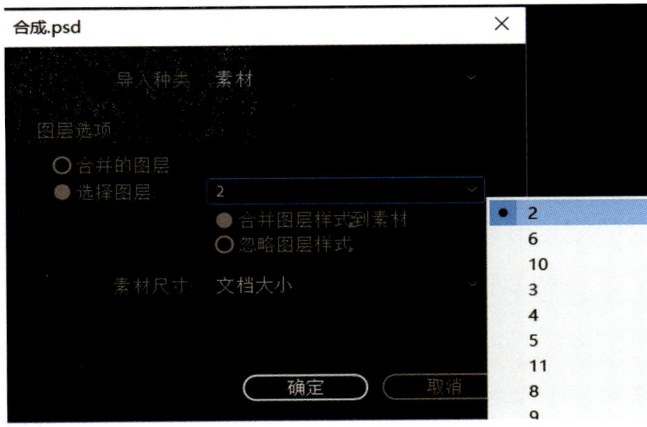

图 2-3-6

3.4 素材管理

在 After Effects 中，素材可以按照不同的属性、类型进行管理。例如，对素材按照用途进行管理，对素材按照不同的使用位置进行管理等。

用于管理的文件不但可以直接存放在项目面板的根目录下，还可以在文件夹中进行嵌套，即可以在文件夹中创建子文件夹，如图 2-3-7 所示。

当要删除一个文件夹时，可以直接将其选中，单击项目面板中的"删除"按钮 🗑。

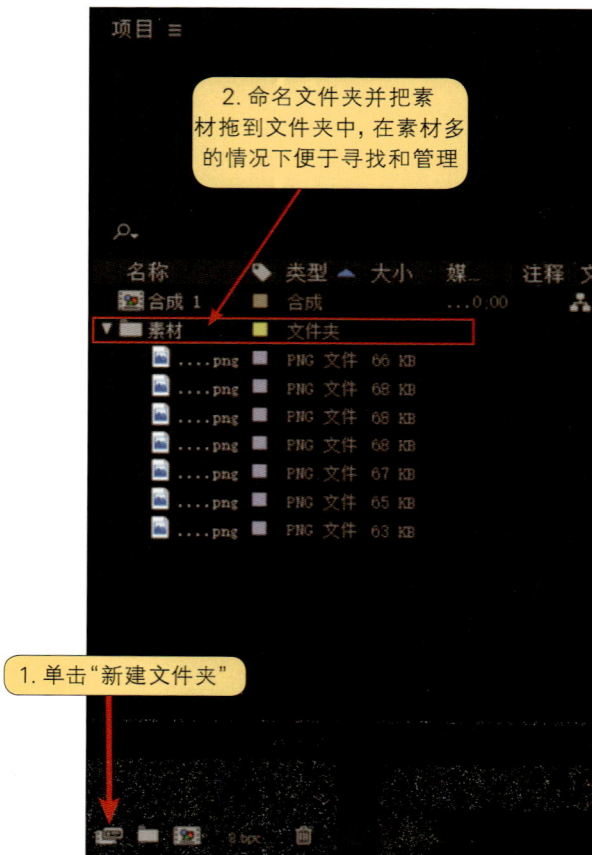

图 2-3-7

3.5 替换素材

在 After Effects 工程中导入素材时，其实并没有把素材复制到工程文件中。After Effects 采取了一种被称为参考链接的方式将素材进行导入，因此素材还是在原来的文件夹里面，这样可以大大地节省磁盘空间。

在 After Effects 中可以对素材进行重命名、删除等操作，但是这些操作并不会影响到磁盘中的素材，这就是参考链接的好处。如果当前素材不是很合适，需要将其替换掉，可以使用以下两种方法来完成操作。

方法一：在项目面板中选择需要替换的素材，然后执行菜单命令"① 文件 > ② 替换素材 > ③ 文件"，打开"替换素材文件"对话框，接着选择需要替换的素材即可。

方法二：直接在需要被替换的素材上单击鼠标右键，然后在打开的菜单中选择"① 替换素材 > ② 文件"命令，如图 2-3-8 所示，接着在打开的"替换素材文件"对话框中选择需要替换的素材即可。

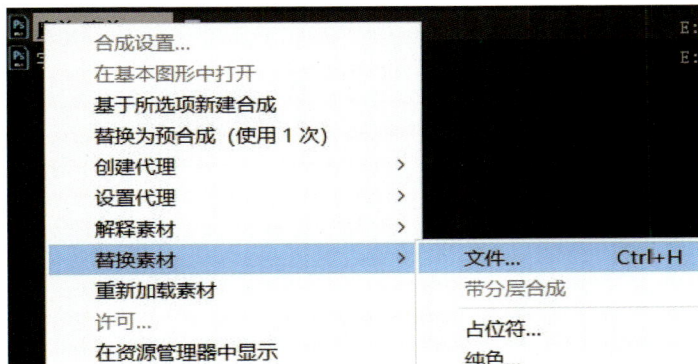

图 2-3-8

思考与练习

通过对 After Effects CC 2018 工作界面的学习与了解，自定义适合自己的 After Effects CC 2018 的工作界面。

第 3 章　图层的创建与编辑

本章主要介绍 After Effects CC 2018 中图层的应用与操作。通过本章的学习，读者可以充分理解图层的概念，并掌握图层的基本操作方法和使用技巧。

★ 图层的概念与创建
★ 图层变换属性
★ 图层的类型
★ 图层混合模式
★ 图层轨道蒙版运用

第 1 节　图层的概念与创建

1.1 图层的概念

在 After Effects 中，无论是创作合成动画还是特效处理等操作，都离不开图层——按照上下位置关系依次排列组合。在时间轴面板中可以直观地观察到图层的分布，如图 3-1-1 所示。

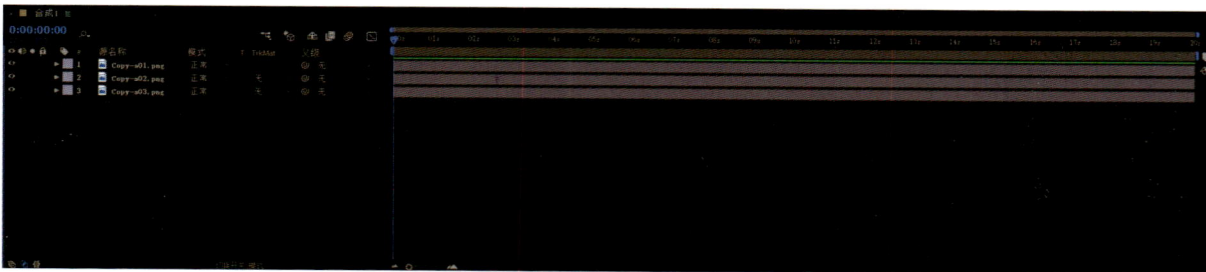

图 3-1-1

可以将 After Effects 软件中的图层想象为一层层叠放的透明胶片，上一层有内容的地方将遮盖住下一层的内容，上一层没有内容的地方则显示出下一层的内容；上一层的部分处于半透明状态时，将依据半透明程度混合显示下一层的内容。这是图层最简单、最基本的概念。图层与图层之间还存在更复杂的合成组合关系，如叠加模式、蒙版合成方式等。

1.2 图层的创建

1.2.1 素材图层和合成图层

素材图层和合成图层是 After Effects 中最常见的图层。如果要创建素材图层或合成图层，只需将项目面板中的素材或合成项目拖曳到时间轴面板即可。

如果要一次性创建多个素材图层或合成图层，只需要在项目面板中按住"Ctrl"键的同时依次选择多个素材图层或合成图层，然后将其拖曳到时间轴面板中。时间轴面板中的图层将按照之前选择素材的顺序进行排列。另外，按住"Shift"键也可以选择多个连续的素材或合成项目。

1.2.2 颜色纯色图层

在 After Effects 中，可以创建任何颜色和尺寸的纯色图层（最大尺寸可达 30000px×30000px）。颜色纯色图层和其他图层一样，可以在图层上创建蒙版，也可以修改图层的变换属性，还可以将其添加特效滤镜。

创建颜色纯色图层主要有以下两种方法。

方法一：执行菜单命令"① 文件 > ② 导入 > ③ 纯色"，如图 3-1-2 所示。这种方法创建的纯色图层只显示在项目面板中作为素材使用。

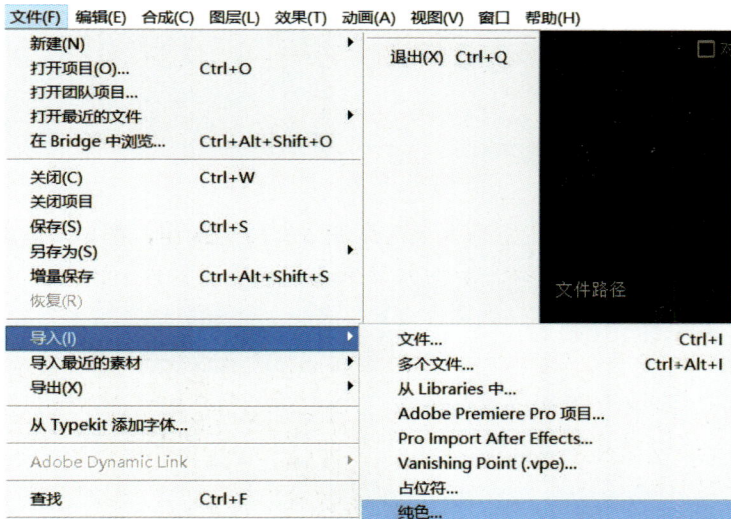

图 3-1-2

方法二：执行菜单命令"① 图层 > ② 新建 > ③ 纯色"或快捷键"Ctrl+Y"，如图 3-1-3 所示；也可以在时间轴面板中执行"右键 > 新建 > 纯色"，如图 3-1-4 所示。这种方法创建的图层除了显示在项目面板的"固态层"文件中，还会自动放在当前时间轴面板的最顶层。

通过以上两种方法创建纯色图层时，会打开"纯色设置"对话框，在该对话框中可以设置图层，如图 3-1-5 所示。

图 3-1-3

图 3-1-4

图 3-1-5

（1）名称：可设置图层名称。

（2）大小：可设置图层的尺寸，单位为像素。若将"将长宽比锁定为"勾选上，则当调节"宽度"或"高度"的其中一个参数时，另一个参数也会按比例自动进行调整。

像素长宽比：用于设置单个像素的宽高比例，可以在右侧的下拉列表中选择预设像素的宽高比例。

（3）颜色：根据需求选择图层颜色。

1.2.3 调整图层

执行命令"① 图层 > ② 新建 > ③ 调整图层"，或者可以在时间轴面板中单击图层后面的"调整图层"按钮 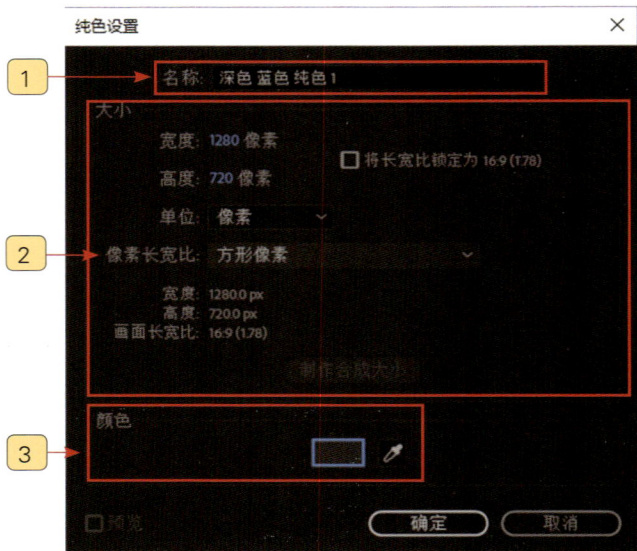，将图层转换为调整图层，如图 3-1-6 所示。

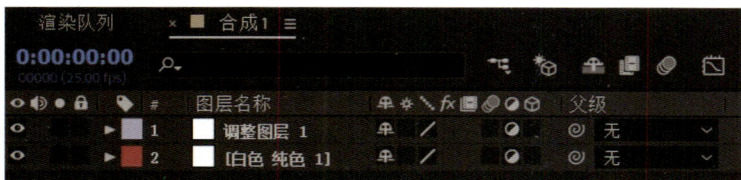

图 3-1-6

1.2.4 Photoshop 图层

执行命令"① 图层 > ② 新建 > ③ Adobe Photoshop 文件"，可以创建一个和当前合成尺寸一致的 Photoshop 图层，该图层会自动放到时间轴面板的最上层，并且 After Effects 会自动打开这个 Photoshop 文件。

注：执行"文件 > 新建 > Adobe Photoshop 文件"菜单命令，也可以创建 Photoshop 文件，不过这个 Photoshop 只是作为素材显示在项目面板中，它的大小和最近打开合成的大小一致。

第 2 节　图层变换属性

在 After Effects 中，图层属性在制作动画时占据非常重要的地位。除了单独的音频图层外，其他所有图层都具有 5 个基本变换属性：锚点、位置、缩放、旋转、不透明度，如图 3-2-1 所示。

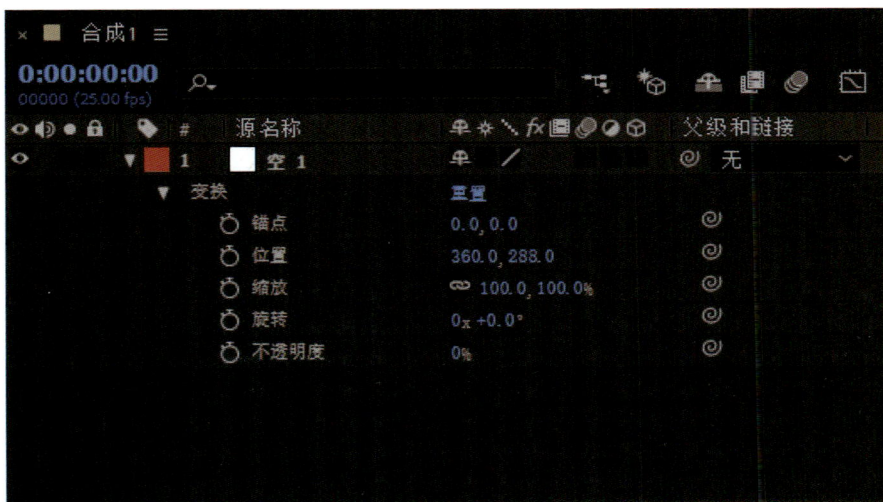

图 3-2-1

2.1 锚点属性

锚点是图层的轴心点坐标。图层的位置、旋转和缩放都是基于锚点来操作的，展开"锚点"属性的快捷键为"A"。当进行位移、旋转或缩放操作时，选择不同位置的轴心点将得到完全不同的视觉效果。

2.2 位置属性

位置主要用来制作图层的位移动画，展开"位置"属性的快捷键为"P"。普通二维层的位置属性由 X 轴和 Y 轴两个参数组成，三维层则是由 X 轴、Y 轴和 Z 轴三个参数组成。

2.3 缩放属性

缩放可以以轴心点为基准来改变图层大小，展开"缩放"属性的快捷键为"S"。普通二维层的缩放属性由 X 轴和 Y 轴两个参数组成，三维层则是由 X 轴、Y 轴和 Z 轴三个参数组成。在缩放图层时，可以开启图层缩放属性前面的"锁定缩放"按钮，这样可以进行等比缩放。

2.4 旋转属性

旋转是以轴心点为基准旋转图层，展开"旋转"属性的快捷键为"R"。普通二维层的旋转属性由"圈数"和"度数"两个参数组成，三维层则是由方向、X 轴旋转、Y 轴旋转和 Z 轴旋转四个参数组成。

2.5 不透明度属性

不透明度是以百分数的方式来调整层的不透明度，展开"不透明度"属性的快捷键为"T"。从 0% ~ 100% 的数值变化能够表现层从完全透明到完全不透明的效果。

第 3 节　图层的类型

能够用在 After Effects 软件中的合成元素非常多，元素体现为各种图层，这里将其归纳为以下 9 种。

（1）项目面板中的素材（包括声音素材）。
（2）项目中的其他合成。
（3）文本图层。
（4）纯色图层、摄像机图层和灯光图层。
（5）形状图层。
（6）调整图层。
（7）已经存在图层的复制层（即副本图层）。
（8）拆分的图层。
（9）空对象图层。
下面介绍几种不同类型的图层。

3.1 灯光图层

它用于创建灯光来为三维物体提供照明，因此灯光图层只作用于三维图层。可以通过快捷键"Ctrl+Alt+Shift+L"来打开灯光图层，如图 3-3-1 所示。

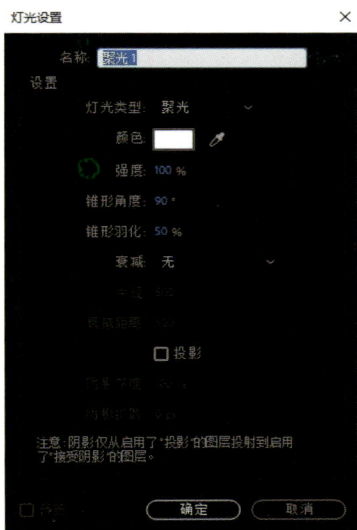

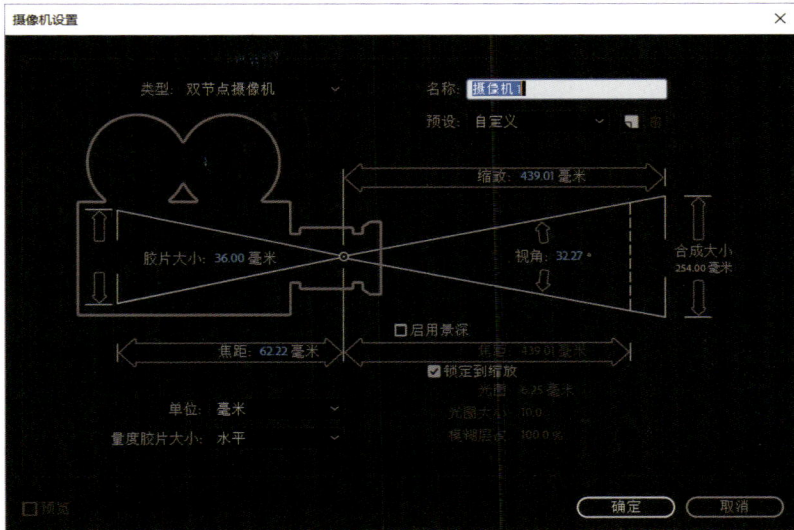

图 3-3-1　　　　　　　　　　　　　　　　图 3-3-2

3.2 摄像机图层

该层同样只作用于三维图层，用于调节三维空间的视角，可以模拟出真实摄像机的焦距和景深效果，类型分为单节点摄像机和双节点摄像机。可以通过快捷键"Ctrl+Alt-Shift+C"或在工具面板中单击摄像机图标来打开摄像机层，如图 3-3-2 所示。

3.3 形状图层

它是一个矢量图层，可用于创建各种形状，如三角形、圆形、矩形、自定义图形等，结合其自带的形状图层修改器可以制作出各种动态特效，按快捷键"Q"或在工具面坂中单击图标 ▢ 即可打开形状图层，如图 3-3-3 所示。

图 3-3-3

3.4 空对象图层和调整图层

（1）空对象图层。

空对象图层创建后，其本身并不渲染，它通常用于关联其他图层的运动和属性，可通过快捷键"Ctrl+Alt+Shift+Y"来打开图层。

（2）调整图层。

该图层和空对象图层一样，创建后其本身不会被渲染，其作用是通过添加特效来统一控制调整图层下面的所有图层。

第 4 节 图层混合模式

在 After Effects 中提供了 30 多种合成模式。大家如果熟悉图像软件 Photoshop 的话，那么对此应该相当熟悉，这里大多数合成模式都是 Photoshop 软件里的翻版。下面学习几种常用的混合模式的底层运算方法和最终呈现效果。本节内容以图 3-4-1 作为底层素材，以图 3-4-2 作为叠加图层素材进行说明。

图 3-4-1

图 3-4-2

4.1 普通模式

"正常"模式是 After Effects 中的默认模式。当图层不透明度为 100％时，合成将根据 Alpha 通道正常显示当前图层，不受下一图层的影响；当图层不透明度小于 100％时，当前图层的每一个像素点的颜色将受到下一图层的影响，如图 3-4-3 所示。

"溶解"模式是选取当前图层部分像素，通过随机采取的方式用下一图层的像素来取代。当图层有羽化边缘或不透明度小于 100％时，"溶解"模式才会起作用。当前图层的不透明度越小，溶解效果越明显，如图 3-4-4 所示。

图 3-4-3

图 3-4-4

4.2 变暗模式

　　"变暗"模式是通过比较当前图层和底图层的颜色亮度来保留较暗的颜色部分，即每个像素取用更暗一层像素的颜色，如图 3-4-5 所示。

　　"相乘"模式是一种减色模式，它将基本色与叠加色相乘形成一种光线透过两张叠加在一起的幻灯片效果。任何颜色与黑色相乘都将产生黑色，与白色相乘将保持不变，而与中间的亮度颜色相乘则可以得到一种更暗的效果，如图 3-4-6 所示。

图 3-4-5

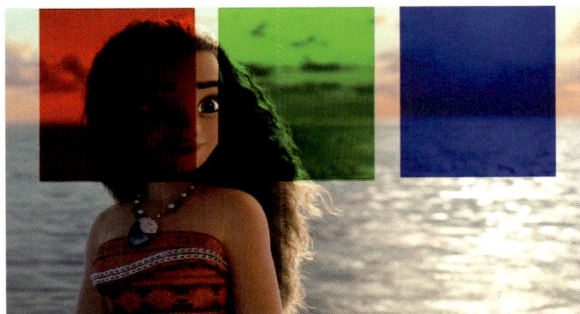

图 3-4-6

4.3 变亮模式

　　在变亮模式中，主要包括"相加""变亮""屏幕""颜色减淡""经典颜色减淡""线性减淡"和"较浅的颜色"7 种混合模式，这些类型的变亮模式都可以使图像的整体颜色变亮。

　　"相加"模式是将上下层对应的像素进行加法运算，可以使画面变亮。如果要将一些火焰、烟雾和爆炸等素材合成到某个场景中，那么可以将该素材图层的叠加模式设置为"相加"，这样该素材与背景进行叠加时，就可以直接去掉黑色背景，如图 3-4-7 所示。

　　"变亮"模式与"变暗"模式相反，它可以查看每个通道中的颜色信息，并选择基色和叠加色中较亮的颜色作为结果色（比叠加色更暗的像素将被替换掉，而比叠加色更亮的像素将保持不变），如图 3-4-8 所示。

图 3-4-7

图 3-4-8

4.4 叠加模式

在叠加模式中，包括"叠加""柔光""强光""线性光""亮光""点光"和"纯色混合"7种叠加模式。在使用这些类型的叠加模式时，需要比较当前图层的颜色和底层的颜色亮度是否低于50%的灰度，然后根据不同的叠加模式创建不同的混合效果。

"叠加"模式可以增强图像的颜色，并保留底层图像的高光和暗调。"叠加"模式对中间色调的影响比较明显，对高亮度区域和暗调区域的影响不大，如图3-4-9所示。

"柔光"模式可以使颜色变亮或变暗（具体效果要取决于叠加色），这种效果与发散的聚光灯照在图像上很相似，如图3-4-10所示。

图 3-4-9

图 3-4-10

4.5 差值模式

在差值模式中，主要包括"差值""经典差值""排除""相减"和"相除"5种混合模式。差值模式是基于当前图层和底层的颜色值来产生差异效果。

"差值"模式是将基色和叠加色进行相减处理，具体情况要取决于哪个颜色的亮度值更高，如图3-4-11所示。

"排除"模式与"差值"模式比较相似，但是该模式可以创建出对比度更低的叠加效果，如图3-4-12所示。

图 3-4-11

图 3-4-12

4.6 色彩模式

在色彩模式中，主要包括"色相""饱和度""颜色"和"发光度"4 种混合模式。这些类型的色彩模式会改变底层颜色的一个或多个色相、饱和度和明度值。

"色相"模式可以将当前图层的色相应用到底层图像的亮度和饱和度中，可以改变底层图像的色相，但不会影响其亮度和饱和度。对于黑色、白色和灰色区域，该模式将不起作用，如图 3-4-13 所示。

"饱和度"模式可以将当前图层的饱和度应用到底层图像的亮度和色相中，可以改变底层图像的饱和度，但不会影响其亮度和色相，如图 3-4-14 所示。

图 3-4-13　　　　　　　　　　　　　　　　　图 3-4-14

4.7 蒙版模式

在蒙版模式中，主要包括"模板 Alpha""模板亮度""轮廓 Alpha"和"轮廓亮度"4 种混合模式。这些类型的蒙版模式可以将当前图层转化为底图层的一个蒙版。

"模板 Alpha"模式可以通过蒙版层的 Alpha 通道来显示多个图层，如图 3-4-15 所示。

"模板亮度"模式可以通过蒙版层的像素亮度来显示多个图层，如图 3-4-16 所示。

图 3-4-15　　　　　　　　　　　　　　　　　图 3-4-16

"轮廓 Alpha"模式可以通过当前图层的 Aplha 通道来影响底层图像，使受影响的区域被剪掉，如图 3-4-17 所示。

"轮廓亮度"模式可以通过当前图层上的像素亮度来影响底层图像，使受影响的像素被部分剪切或被全部剪切掉，如图 3-4-18 所示。

图 3-4-17

图 3-4-18

4.8 共享模式

在共享模式中，主要包括"Alpha 添加"和"冷光预乘"2 种混合模式。这两种类型的共享模式可以使底层与当前图层的 Alpha 通道或透明区域像素产生相互作用。

"Alpha 添加"模式可以使底层与当前图层的 Alpha 通道共同建立一个无痕迹的透明区域，如图 3-4-19 所示。

"冷光预乘"模式可以使当前图层的透明区域像素与底层相互产生作用，使边缘产生透镜和光亮效果，如图 3-4-20 所示。

图 3-4-19

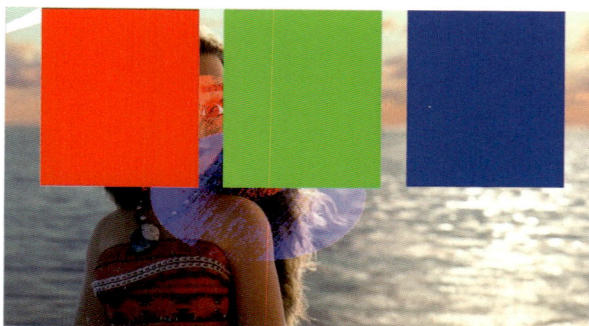

图 3-4-20

第 5 节　图层轨道蒙版运用

5.1 蒙版的概念

蒙版其实就是由一个封闭的贝塞尔曲线构成的路径轮廓，轮廓之内或之外的区域就是抠像的依据。

注：虽然蒙版是由路径组成的，但不要误认为路径只是用来创建蒙版的，它还可以用来描绘勾边特效处理、沿路径制作动画特效等。

5.2 蒙版的创建与运用

创建蒙版的方法比较多，实际工作中主要使用以下四种方法。

方法一：形状工具创建蒙版。在时间轴面板中选择需要创建蒙版的图层；在工具面板中选择"椭圆工具"创建蒙版，快捷键为"Q"，如图 3-5-1 所示；保持对形状工具的选择，在合成面板中使用鼠标左键从位置 ① 拖曳到位置 ② 即可创建蒙版，如图 3-5-2 所示。

使用形状工具创建蒙版的方法很简单，但软件提供的形状工具比较有限。

图 3-5-1

图 3-5-2

方法二：使用钢笔工具创建蒙版。在时间轴面板中选择需要创建蒙版的图层；在工具面板中选择"钢笔工具"，快捷键为"G"，如图 3-5-3 所示；在合成面板中点击鼠标左键确定第一个点，然后继续绘制出一条封闭的贝塞尔曲线，如图 3-5-4 所示。

使用钢笔工具创建蒙版不像使用形状工具那么局限，形状是自由的。

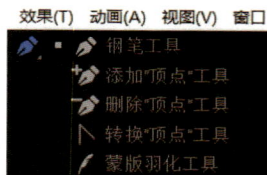

图 3-5-3

图 3-5-4

方法三：执行"新建蒙版"命令。新建的蒙版形状比较单一。在时间轴面板中选择需要创建蒙版的图层；执行命令"① 图层 > ② 蒙版 > ③ 新建蒙版"，这时会创建出一个与图层大小一致的矩形蒙版。如果需要对蒙版进行调节，可以使用"选择工具"选择蒙版，然后执行命令"① 图层 > ② 蒙版 > ③ 蒙版形状"，打开"蒙版形状"对话框，在该对话框中可以对蒙版的位置、单位和形状进行调节。

方法四：其他蒙版，通过复制 Photoshop 中的路径来创建蒙版，对于创建一些规则的蒙版或有特殊结构的蒙版非常有用。

5.3 蒙版的属性

在时间轴面板中连续按两次"M"键可以展开蒙版的所有属性，如图 3-5-5 所示。

蒙版路径：设置蒙版的路径范围和形状，也可以为蒙版节点制作关键帧动画。

反转：反转蒙版的路径范围和形状，如图 3-5-6 所示。

蒙版羽化：设置蒙版边缘的羽化效果，这样可以使蒙版边缘与底层图像完美地融合在一起，如图 3-5-7 所示。单击"锁定"按钮 ⚭ ，将其设置为"解锁"状态后，可以分别对蒙版的 X 轴和 Y 轴进行羽化。

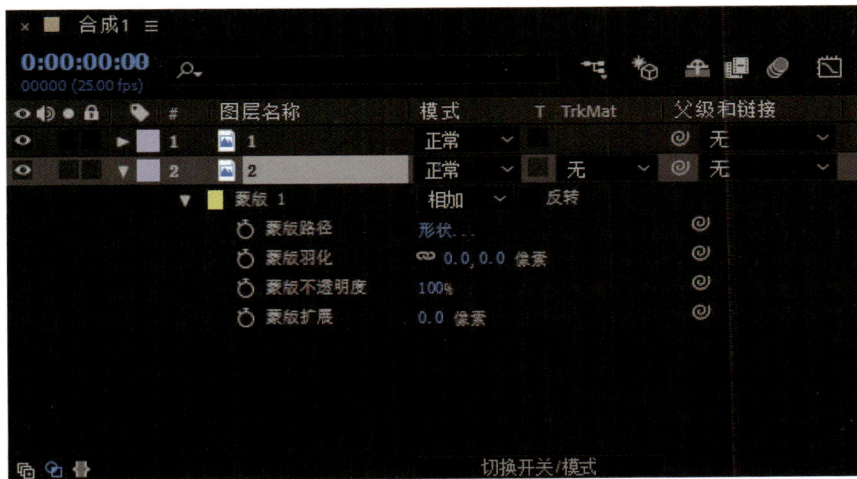

图 3-5-5

图 3-5-6

羽化：0

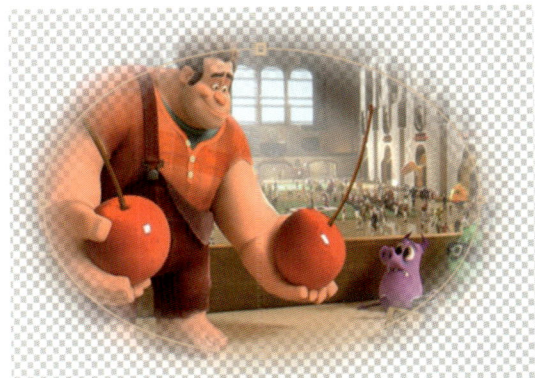

羽化：50

图 3-5-7

蒙版不透明度：设置蒙版的不透明度，如图 3-5-8 所示。

蒙版扩展：调整蒙版的扩展程度，正值为扩展蒙版区域，负值为收缩蒙版区域，如图 3-5-9 所示。

蒙版不透明度：100%

蒙版不透明度：50%

图 3-5-8

蒙版扩展：30

蒙版扩展：-30

图 3-5-9

5.4 蒙版的叠加模式

当一个图层中具有多个蒙版时，这时就可以通过选择各种混合模式来使蒙版之间产生叠加效果。操作如下：① 打开图层属性。② 打开蒙版。③ 相加，如图 3-5-10 所示。

蒙版的排列顺序对最终的叠加结果有很大影响，After Effects 处理蒙版的顺序是按照蒙版的排列顺序从上往下依次进行处理的，也就是说先处理最上面的蒙版及其叠加效果，再将结果与下面的蒙版和混合模式进行计算。另外，"蒙版不透明度"也是需要考虑的必要因素之一。

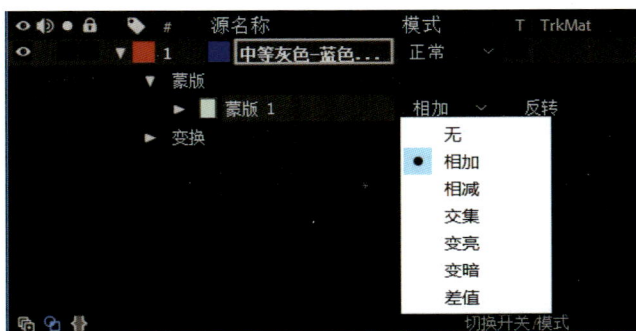

图 3-5-10

蒙版叠加模式参数介绍如下。

无：选择"无"模式，路径将不作为蒙版使用，而是作为路径存在，如图 3-5-11 所示。

相加：当前蒙版区域与其上面的蒙版区域进行相加处理，如图 3-5-12 所示。

相减：将当前蒙版上面的所有蒙版组合结果进行相减处理，如图 3-5-13 所示。

交集：只显示当前蒙版上面所有蒙版的组合结果相交的部分，如图 3-5-14 所示。

变亮：与"相加"模式相同，对于蒙版重叠处的不透明度则采用不透明度较高的数值。

变暗：与"交集"模式相同，对于蒙版重叠处的不透明度则采用不透明度较低的数值。

差值：采取并集减去交集的方式，换而言之，先将所有蒙版进行并集，再将所有蒙版相交的部分进行相减，如图 3-5-15 所示。

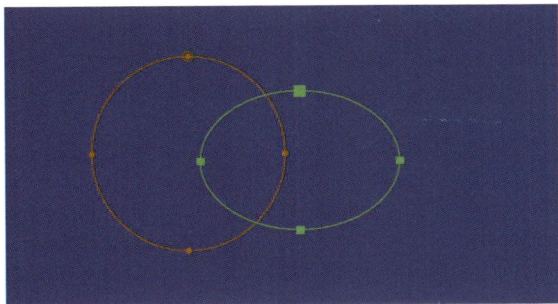

图 3-5-11

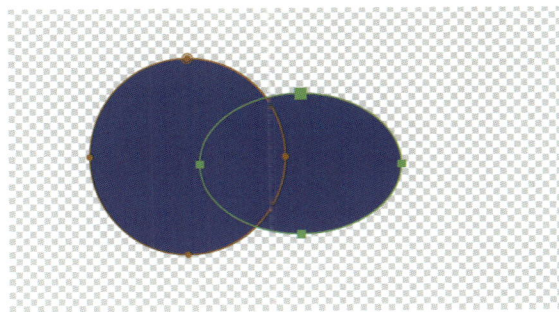

图 3-5-12

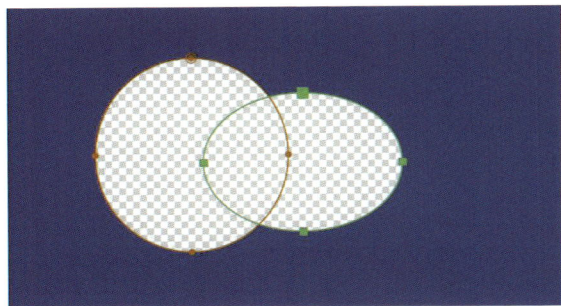

图 3-5-13

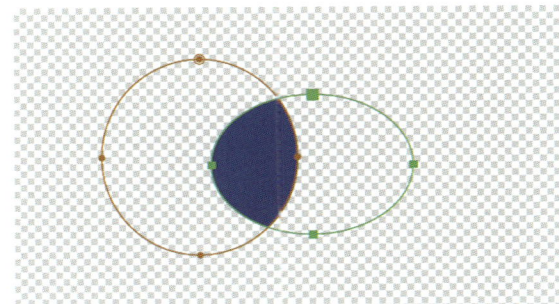

图 3-5-14

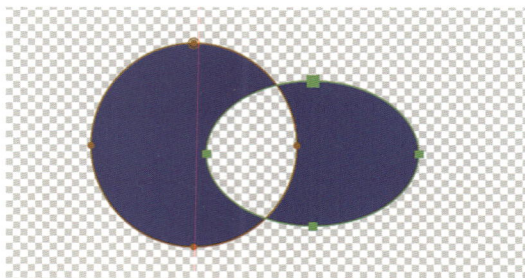

图 3-5-15

5.5 轨道蒙版

轨道蒙版属于一种特殊的蒙版类型，它可以将一个图层的 Alpha 信息或亮度信息作为另一个图层的透明度信息，同样可以完成建立图像透明区域或限制图像局部显示的工作。

在一些有特殊要求的情况下，如在运动的文字轮廓内显示图像，则可以通过轨道蒙版来完成镜头的制作，如图 3-5-16 所示。

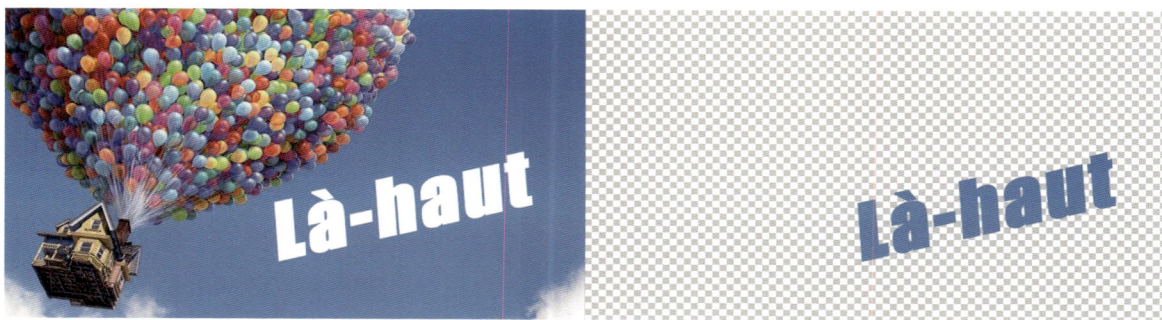

图 3-5-16

蒙版切换：单击"切换开关 / 模式"按钮，可以打开"轨道蒙版"控制面板，如图 3-5-17、图 3-5-18 所示。

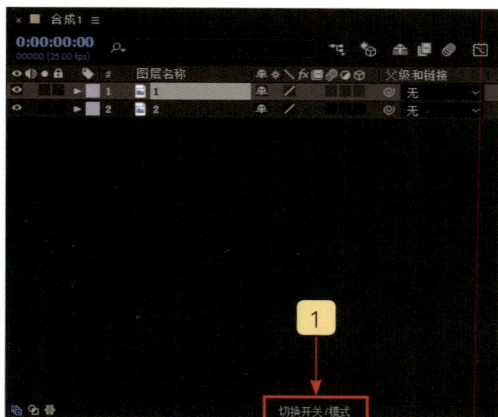

图 3-5-17

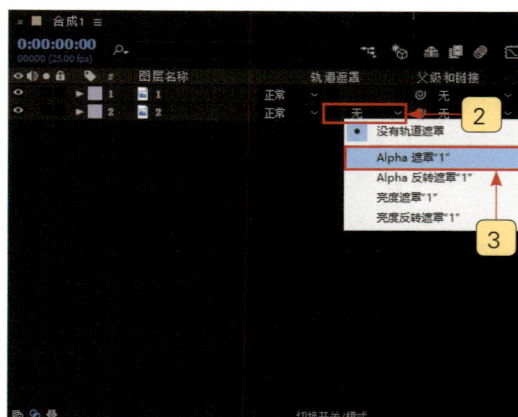

图 3-5-18

使用轨道蒙版时，蒙版图层必须位于最终显示图层的下一图层，并且在应用了轨道蒙版后，将自动关闭蒙版图层的可视性，如图 3-5-19 所示。另外，在移动图层顺序时一定要将蒙版图层和最终显示图层一起进行移动。

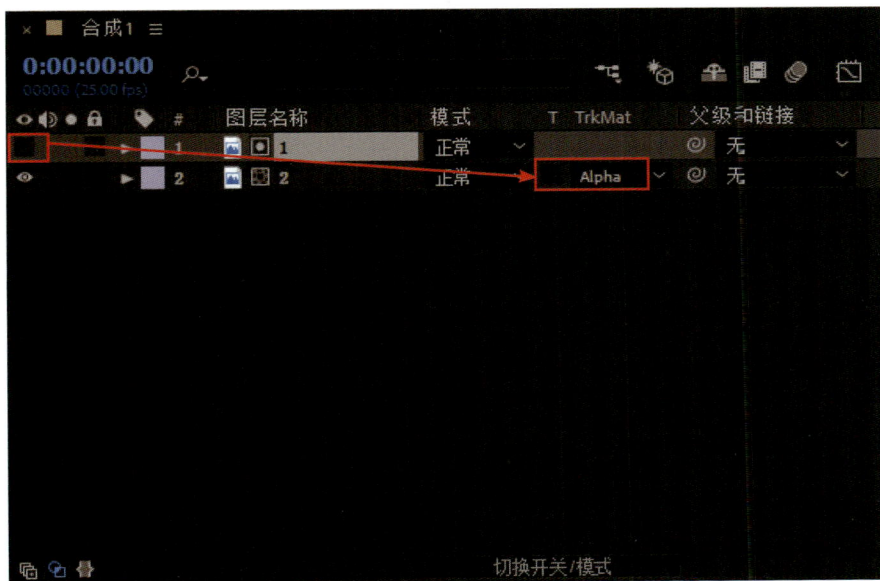

图 3-5-19

轨道遮罩的参数介绍如下。

没有轨道遮罩：不创建透明度，用上方接下来的图层充当普通图层。

Alpha 遮罩：将蒙版图层的 Alpha 通道信息作为最终显示图层的蒙版参考。

Alpha 反转遮罩：与"Alpha 遮罩"结果相反。

亮度遮罩：将蒙版图层的亮度信息作为最终显示图层的蒙版参考。

亮度反转遮罩：与"亮度遮罩"结果相反。

《《思考与练习》》

通过对 After Effects CC 2018 图层的创建与编辑的学习与了解，尝试创建各种图层并进行编辑。

第 4 章　动画制作与文字工具

本章要点

本章主要介绍 After Effects CC 2018 的动画功能和文字工具。作为影视动画合成软件，After Effects CC 2018 的动画功能是很强大的。文字在影片中的地位是非常重要的，既可对镜头画面做出解释，又是镜头画面的组成部分。

重点知识

★ 关键帧的使用

★ 文字的使用与文字动画的制作

第 1 节　认识关键帧

关键帧的概念源于传统的卡通动画，在早期的迪士尼工作室中，动画师负责设计卡通动画片中的关键帧画面（即关键帧），如图 4-1-1 所示，黑色的为关键帧，然后由动画师助理来完成中间帧的制作。

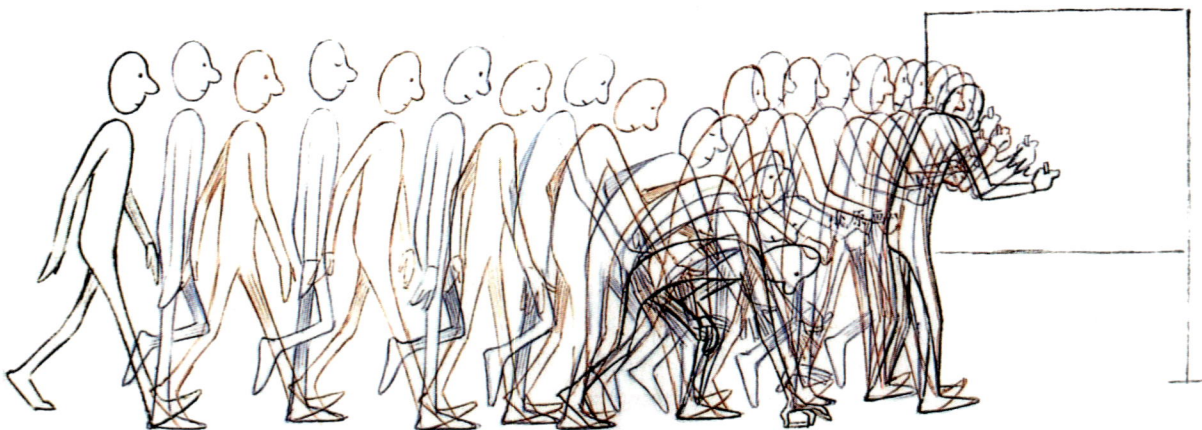

图 4-1-1

在计算机动画中，中间帧可以由计算机来完成，插值代替了设计中间帧的动画师，所以影响画面图像的参数都可以成为关键帧的参数。After Effects 可以依据前后两个关键帧来识别动画的起始和结束状态，并自动计算中间的动画过程来产生视觉动画。

在 After Effects 的关键动画中，至少需要两个关键帧才能产生作用，第 1 个关键帧表示动画的初始状态，第 2 个关键帧表示动画的结束状态，而中间的动态则由计算机通过插值计算得出。在钟摆动画中，状态 1 是初始状态，状态 7 为结束状态，中间状态 2 ~ 6 是由计算机通过插值来生成的中间动画状态，如图 4-1-2 所示。

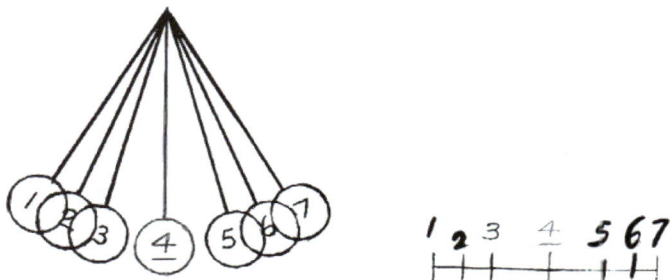

图 4-1-2

当属性开启记录动画后，After Effects 会显示一些动画按钮。

（1）前一关键帧：单击该按钮可直接跳转至当前时间的前一个关键帧。

（2）在当前时间添加或删除的关键帧。

（3）后一关键帧：单击该按钮可直接跳转至当前时间的后一个关键帧。

（4）关键帧图标：显示该时间被记录的关键帧，如图 4-1-3 所示。

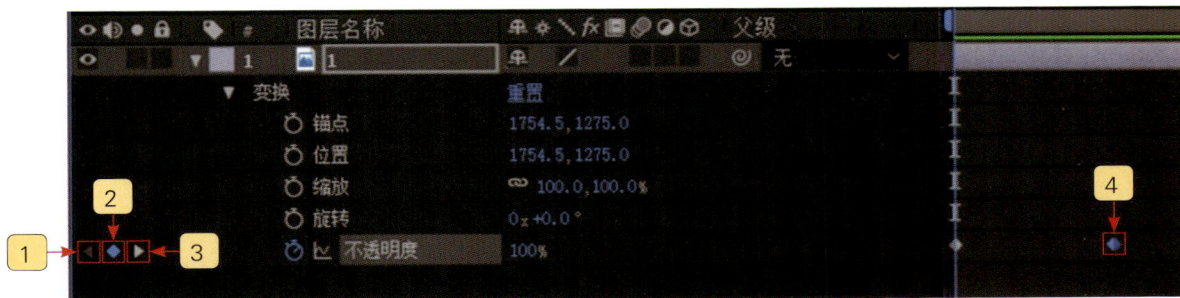

图 4-1-3

第 2 节　关键帧的操作

2.1 设置关键帧

在 After Effects 中，不是所有的参数都可以设置关键帧。在参数前面有码表按钮图标 ⏱ 的参数才可以设置关键帧，单击码表按钮，图标显示为按下状态 ⏱ ，表示该属性已经设置关键帧了，如图 4-2-1 所示。

图 4-2-1

2.2 关键帧的移动

在关键帧设置完成后，可以改变关键帧的位置。选择关键帧，单击鼠标左键，左右拖动鼠标，则可以改变关键帧的位置，按"Shift"键可以加选关键帧，如图 4-2-2 所示。

图 4-2-2

2.3 关键帧的复制

选择需要复制的关键帧，执行菜单命令"① 编辑 > ② 复制"，快捷键为"Ctrl+C"，将时间尺拖曳到需要的时间位置上，执行菜单命令"① 编辑 > ② 粘贴"，快捷键为"Ctrl+V"，如图 4-2-3 所示。

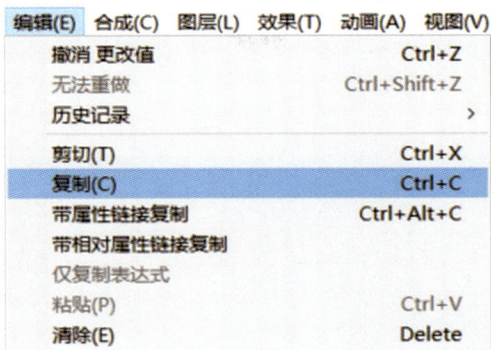

图 4-2-3

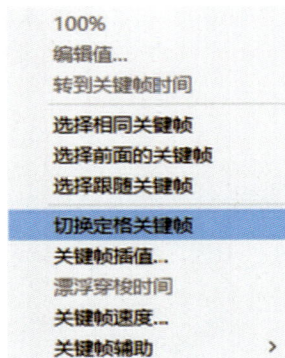

图 4-2-4

2.4 关键帧的类型

在 After Effects 中，关键帧的类型有很多种。

◀ 菱形关键帧：最普通的关键帧。

▸ 缓入缓出关键帧：能够使动画运动变得平滑。选择菱形关键帧 ◀，按 "F9" 键可以实现。

▸◀ 箭头形状关键帧：与缓入缓出关键帧类似，只是实现动画的一段平滑，包括入点平滑关键帧和出点平滑关键帧。选择菱形关键帧 ◀，按 "Shift+F9" 可以实现入点平滑关键帧，按 "Ctrl+Shift+F9" 可以实现出点平滑关键帧。

◀ 圆形关键帧：也属于平滑类关键帧，可以使动画曲线变得平滑可控，实现方法是按住 "Ctrl" 键点击关键帧即可。

◀ 正方形关键帧：这种关键帧比较特殊，是硬性变化的关键帧，常用于文字变换动画中。

◀ 停止关键帧：曲线关键帧转换成停止关键帧后的状态。选中缓入缓出关键帧 ◀，单击鼠标右键，执行命令 "切换定格关键帧" 来实现。

◀ 停止关键帧：普通线性关键帧转换为停止关键帧后的状态，让其间的动画停下来。选中菱形关键帧 ◀，单击鼠标右键，执行命令 "切换定格关键帧" 来实现，如图 4-2-4 所示。

2.5 删除关键帧

选择需要删除的关键帧，被选中的关键帧会以亮蓝色显示，按快捷键 "Delete" 即可实现。

第 3 节　图层关键帧动画实例

在 After Effects 中，几乎所有层属性都可以设置关键帧动画效果，图层关键帧动画包含锚点、位置、旋转、缩放和不透明度属性的动画设置，以及对层应用的效果进行动画设置。

步骤1：在 Photoshop 中绘制素材，把需要做动画的部分单独分层命名，便于后期制作，如图 4-3-1 所示。

图 4-3-1

步骤2：打开 After Effects，在项目窗口双击左键，弹出"导入文件"窗口，① 选择"龙猫.psd" 文件 > ② 导入为：素材 > ③ 单击"导入" > ④ 在弹出窗口单击"确定"，如图 4-3-2 所示。

此时在项目窗口出现了在 Photoshop 中制作的素材，如图 4-3-3 所示。

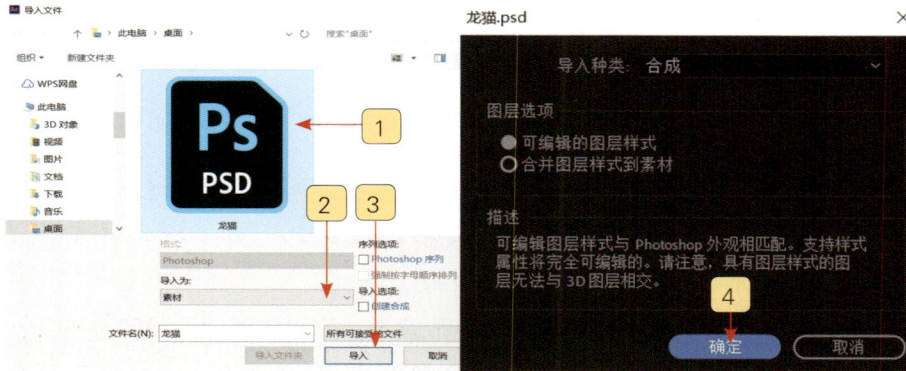

图 4-3-2

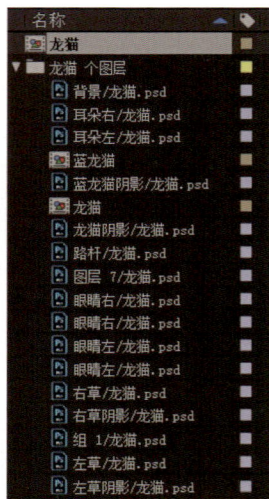

图 4-3-3

步骤3：在项目窗口找到"龙猫"合成，双击合成后会在时间轴面板打开，如图4-3-4所示。

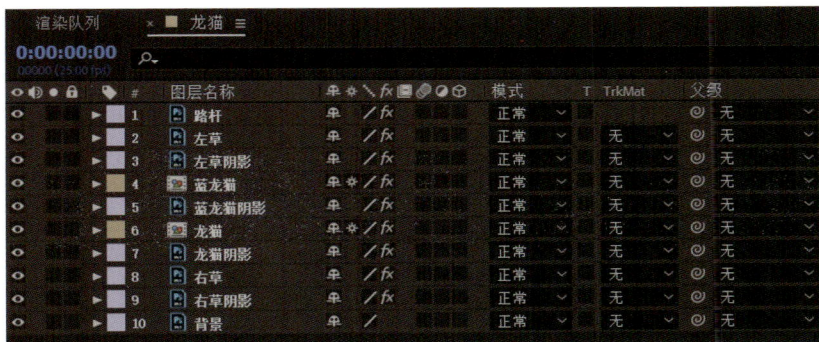

图4-3-4

步骤4：在时间轴面板选择"左草"图层，按"S"键打开缩放属性，打开缩放前的码表在0:00:00:06处将缩放设置为0.0，0.0%；在0:00:00:13处将缩放设置为100，100%。"左草阴影""右草"及"右草阴影"图层执行同样的操作，如图4-3-5所示。

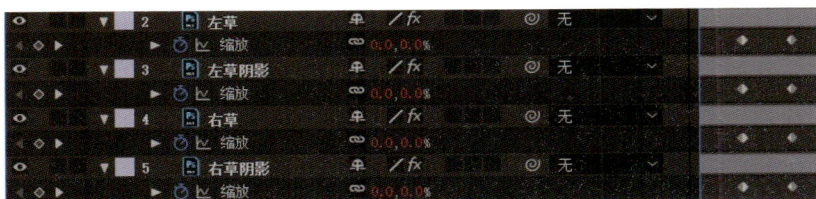

图4-3-5

步骤5：选择"路杆"图层，按"S"键打开缩放属性，打开缩放前的码表在0:00:00:10处将缩放设置为0.0，0.0%；在0:00:00:17处将缩放设置为100，100%，如图4-3-6所示。

图4-3-6

步骤6：选择"龙猫"合成，按"S"键打开缩放属性，打开缩放前的码表在0:00:00:20处将缩放设置为0.0，0.0%；在0:00:01:03处将缩放设置为100，100%；按"R"键打开旋转属性，打开旋转前的码表在0:00:00:20处将旋转设置为0x-20.0°，在0:00:01:03处将旋转设置为0x+0.0°，如图4-3-7所示。

图4-3-7

步骤 7：选择"蓝龙猫"合成，按"S"键打开缩放属性，打开缩放前的码表在 0:00:00:17 处将缩放设置为 0.0，0.0%；在 0:00:01:00 处将缩放设置为 100，100%；按"R"键打开旋转属性，打开旋转前的码表在 0:00:00:17 处将旋转设置为 0x−20.0°，在 0:00:01:00 处将旋转设置为 0x+0.0°，如图 4-3-8 所示。

图 4-3-8

步骤 8：双击"龙猫"合成进入该合成，选择"眼睛左"和"眼睛右"两个图层，按"S"键打开缩放属性，在 0:00:02:00 处将缩放设置为 100，100%；在 0:00:02:05 处将缩放设置为 100，0.0%；在 0:00:02:10 处将缩放设置为 100，100%；框选该层的所有帧，按"Ctrl+C"复制，在 0:00:02:20 处按"Ctrl+V"粘贴帧，再在 0:00:03:14 处按"Ctrl+V"粘贴帧，如图 4-3-9 所示。"蓝龙猫"合成也执行同样的操作。

图 4-3-9

步骤 9：选择"耳朵左"图层，在工具栏选择锚点工具 ，在合成面板中将耳朵的中心点移到耳朵下方，如图 4-3-10 所示。按"R"键打开旋转属性，在 0:00:02:00 处将旋转设置为 0x+0.0°；在 0:00:02:05 处将旋转设置为 0x+20°；在 0:00:02:10 处将缩放设置为旋转设置为 0x+0.0°；框选该层的所有帧，按"Ctrl+C"复制，在 0:00:02:20 处按"Ctrl+V"粘贴帧，再在 0:00:03:14 处按"Ctrl+V"粘贴帧，如图 4-3-11 所示。"耳朵右"图层执行同样的操作。（注："耳朵右"旋转值设置为 0x−20°）

图 4-3-10

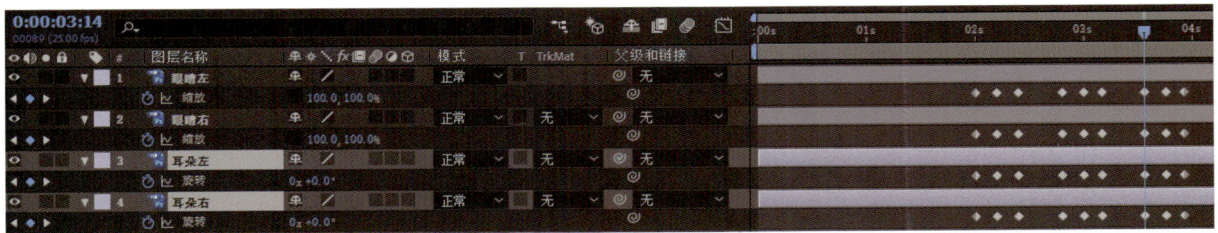

图 4-3-11

最终预览动画效果如图 4-3-12 所示。

图 4-3-12

第 4 节 "奔跑的汽车"关键帧动画实例

本节通过奔跑的汽车实例来讲解三维图层、摄影机镜头、关键帧、表达式的运用，及 Photoshop 加工素材。

步骤 1：首先在 Photoshop 中打开汽车素材，用钢笔工具把汽车的两个轮子抠下来；再用矩形工具绘制出路面；将车身、轮子、路面分层命名以方便后期制作，如图 4-4-1 所示。

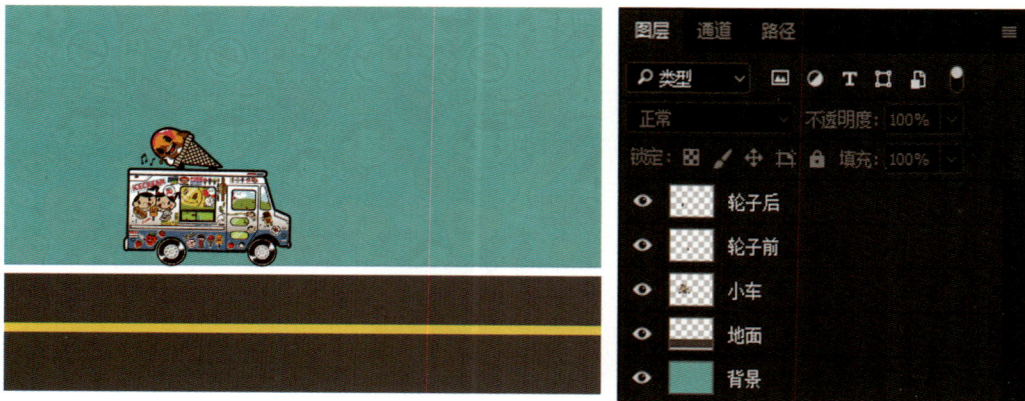

图 4-4-1

步骤 2：打开 After Effects，在项目窗口双击左键，弹出"导入文件"窗口，① 选择"奔跑的汽车 .psd"文件 > ② 导入为：素材 > ③ 单击"导入" > ④ 在弹出窗口中单击"确定"，如图 4-4-2 所示。

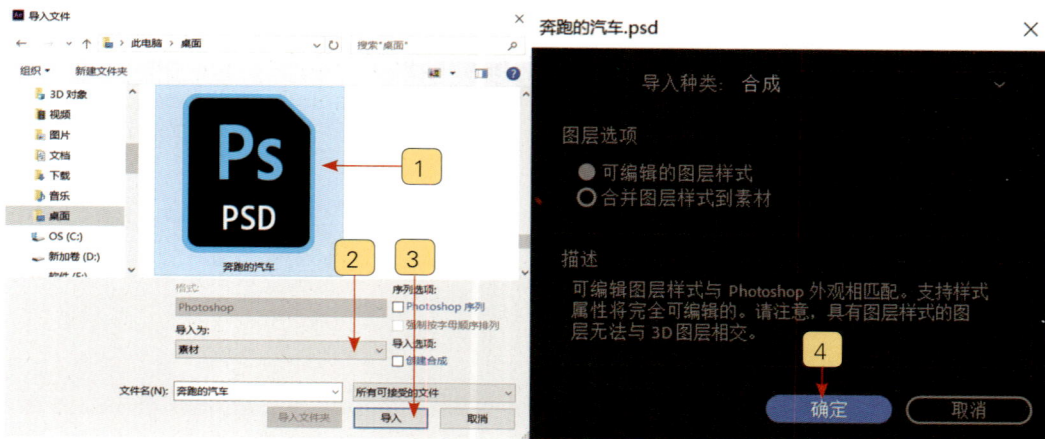

图 4-4-2

导入文件之后在项目窗口出现了在 Photoshop 中制作的素材，如图 4-4-3 所示。

图 4-4-3

步骤 3：在项目窗口找到"奔跑的汽车"合成，双击合成后会在时间轴面板打开，如图 4-4-4 所示。

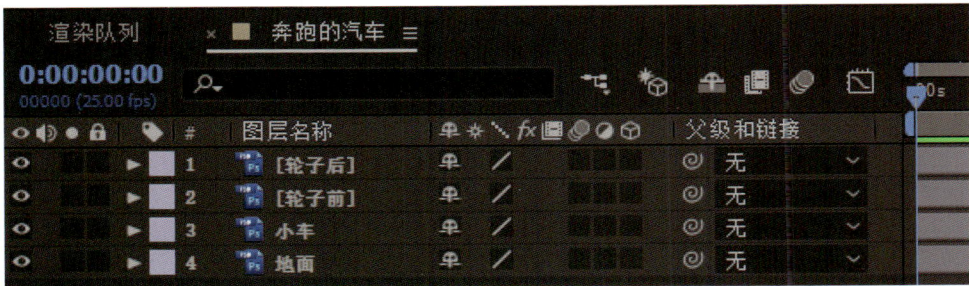

图 4-4-4

步骤 4：在时间轴面板全选（快捷键为"Ctrl+A"），打开三维图层，如图 4-4-5 所示。

步骤 5：选择"地面"图层，展开"变换"属性，将"X 轴旋转"设置为 0x+90.0°，如图 4-4-6 所示。

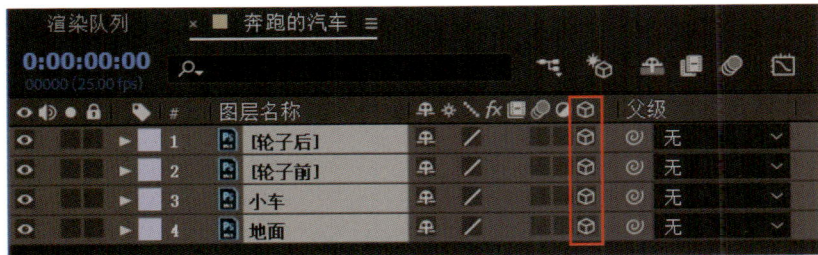

图 4-4-5

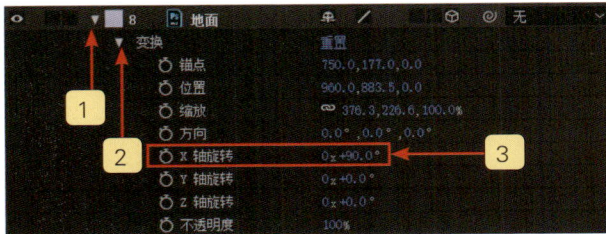

图 4-4-6

步骤6：选择"地面"图层，按"Ctrl+C"复制，按"Ctrl+V"粘贴，复制出"地面2"图层，展开"变换"属性，"位置"设置为3376，883.5，2416；将"Z轴旋转"设置为0x+90.0°，如图4-4-7所示。

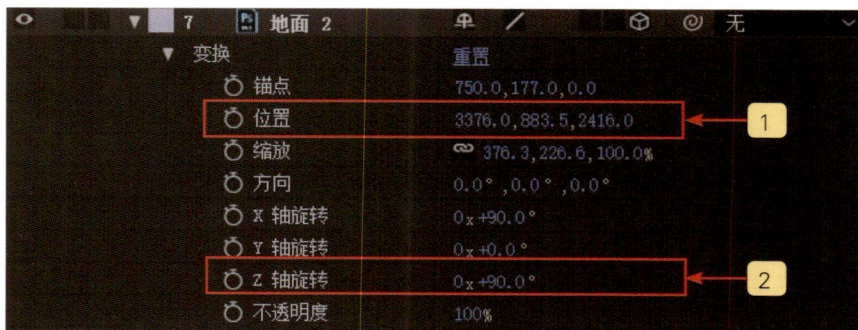

图4-4-7

步骤7：选择"小车"图层，展开"变换"属性，打开"位置"前面的码表，在0:00:00:00处设置为−1624，682，0.0；在0:00:02:12处设置为659，682，0.0；在0:00:04:24处设置为2999，682，0.0；在0:00:10:00处设置为3222，682，4304。打开"Y轴旋转"前面的码表，在0:00:03:06处设置为0x+0.0°；在0:00:05:24处设置为0x−90.0°，如图4-4-8所示。

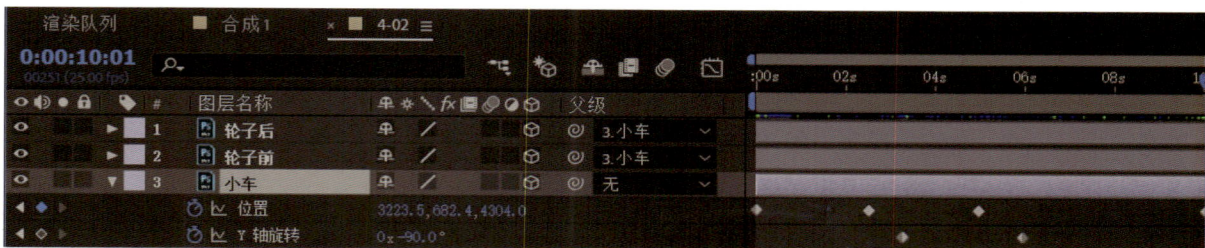

图4-4-8

步骤8：选择"轮子前"图层，展开"变换"属性，用鼠标右键按住"Z轴旋转"前的码表同时按住"Alt"键打开表达式，输入表达式time*500（time*X表示这个属性每秒走多少数值），如图4-4-9所示。"轮子后"图层执行同样的操作。将"轮子前"和"轮子后"两个图层与"小车"图层建立父子关系，如图4-4-10所示。

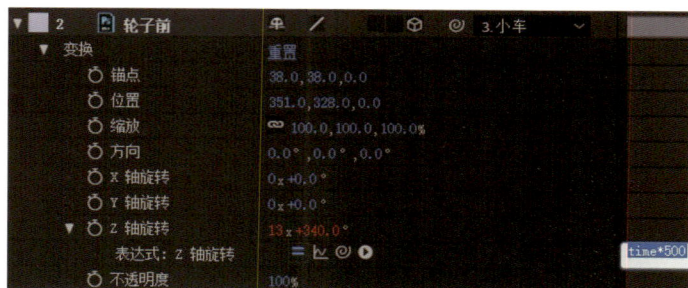

图4-4-9

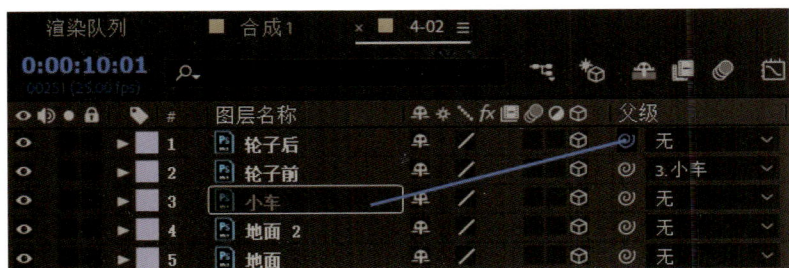

图 4-4-10

步骤 9：在时间轴面板右键"① 新建 > ② 摄像机"，创建摄像机，如图 4-4-11 所示。展开摄像机"变换"属性，"目标点"设置为 356，284，692；"位置"设置为 356，330，-90，如图 4-4-12 所示。将"摄像机 1"图层切断 0:00:03:05 以后的部分，快捷键为"Alt+ 】"。

步骤 10：创建"摄像机 2"图层，展开摄像机"变换"属性，"目标点"设置为 120，240，44；"位置"设置为 120，240，-425，如图 4-4-13 所示。将"摄像机 2"图层切断 0:00:03:05 之前的部分，快捷键为"Alt+【"。将"摄像机 1"和"摄像机 2"图层与"小车"图层建立父子关系。

最终预览动画效果如图 4-4-14 所示。

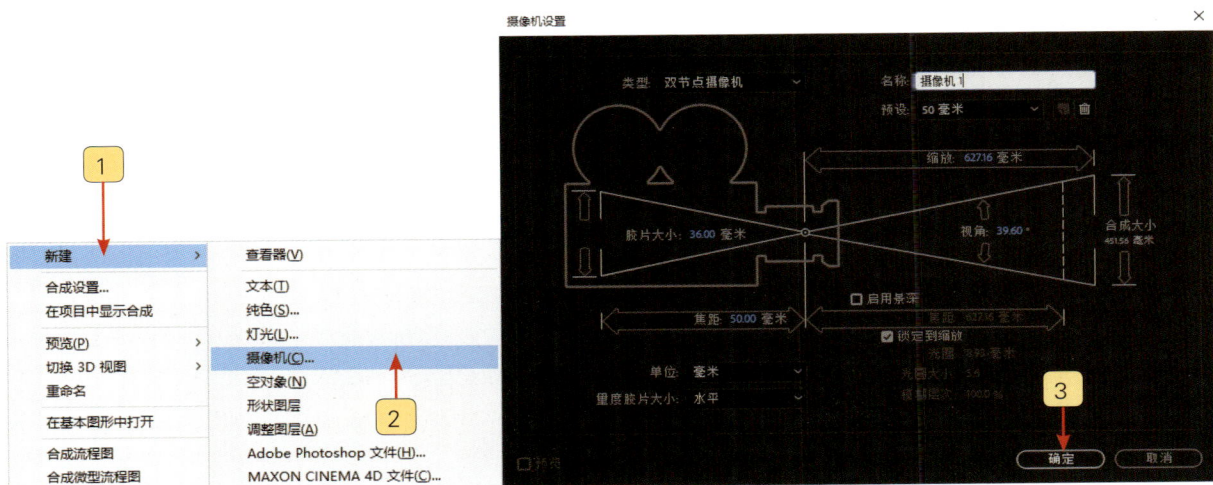

图 4-4-11

图 4-4-12

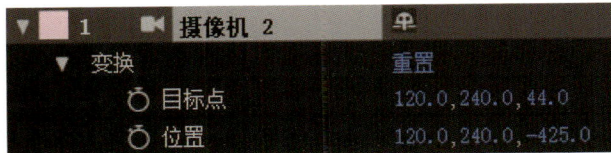

图 4-4-13

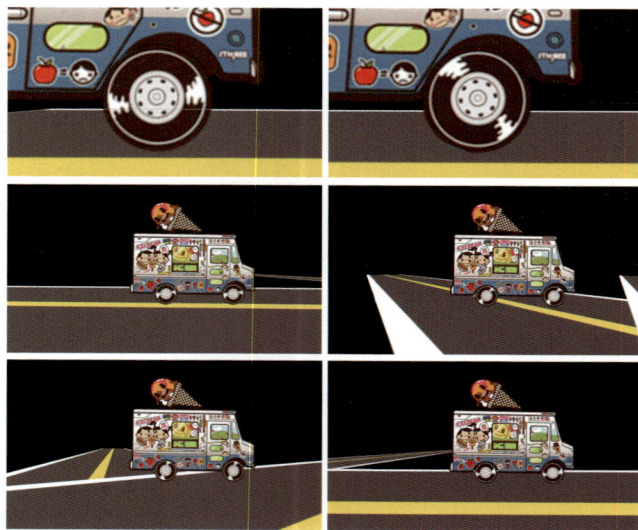

图 4-4-14

第 5 节　文字工具

文字是人类用来记录语言的符号系统，也是文明社会产生的标志。在影视后期合成中，文字不仅担负着补充画面信息和媒介交流的角色，而且也是设计师们常常用来作为视觉设计的辅助元素，好的文字效果能够更好地吸引眼球。文字图层与其他图层一样，拥有各种属性，可以添加特效。相比其他图层，文字图层具有更多的动画选项。

如图 4-5-1 和图 4-5-2 所示，这是文字元素的应用效果之一，从图中可以看出，文字工具若应用到位，是完全可以给视频制作增色的。

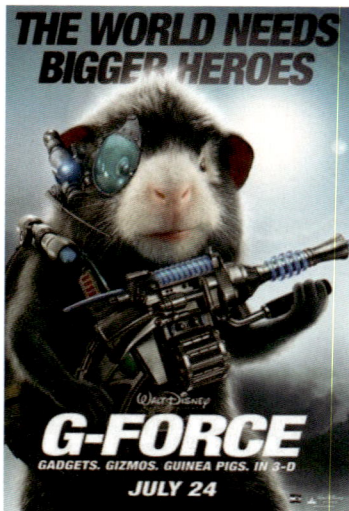

图 4-5-1

图 4-5-2

5.1 创建文字的两种形式

在 After Effects CC 2018 中，文字分为两种形式。一种是使用文字工具创建文字图层来创建文字；另一种是特效文字，在"过时"滤镜组中可以使用"基本文字"和"路径文本"滤镜来创建文字。

5.2 文字工具的使用

5.2.1 使用"文字工具"创建文字

在工具面板中单击"文字工具"即可创建文字。在该工具图标 **T** 上按住鼠标左键不放，数秒后会打开菜单，其中包含两个文字工具，分别为"横排文字工具"和"直排文字工具"，如图 4-5-3 所示。

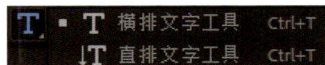

图 4-5-3

选择相应的文字工具后，在合成面板中单击鼠标左键确定文字的输入位置，当显示文字光标后，就可以输入相应的文字，最后按"Enter"键或点击即可完成文字的输入，同时在时间轴面板中会自动新建一个文字图层。

5.2.2 使用文本命令创建文字

使用菜单创建文字有以下两种方法。

方法一：执行"① 图层 > ② 新建 > ③ 文本"菜单命令或按快捷键"Ctrl+Alt+Shift+T"，如图 4-5-4 所示。新建一个文字图层，然后在合成面板中单击确定文字的输入位置，当显示文字光标后，就可以输入相应的文字，最后按"Enter"键或点击即可完成文字的输入。

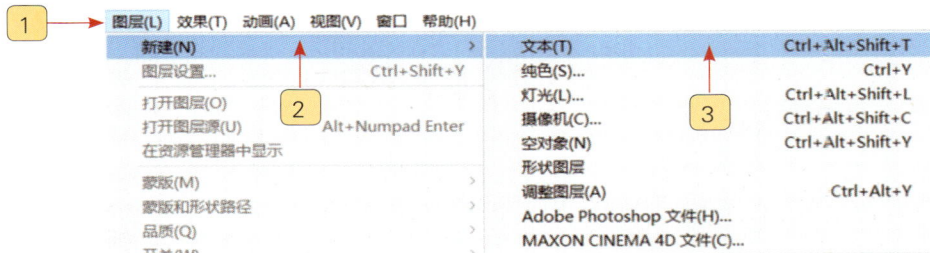

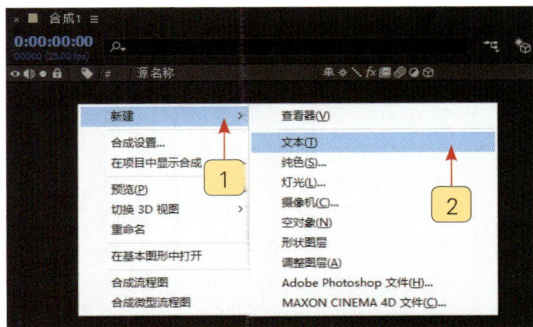

图 4-5-4

方法二：在时间轴面板的空白处单击鼠标右键，在弹出的对话框中执行"① 新建 > ② 文本"命令，如图 4-5-5 所示。新建一个文字图层，然后在合成面板中单击确定文字的输入位置，当显示文字光标后，就可以输入相应的文字，最后按"Enter"键或点击即可完成文字的输入。

图 4-5-5

5.3 特效文字的使用

在"过时"滤镜组中，使用"基本文字"和"路径文本"滤镜可以完成"文字工具"不能实现的效果。

5.3.1 "基本文字"滤镜

"基本文字"滤镜主要用来创建比较规整的文字，可以设置文字的大小、颜色以及字符间距等。

执行"① 效果 > ② 过时 > ③ 基本文字"命令，然后在打开的"基本文字"面板中输入相应的文字，如图 4-5-6 所示。在"效果控件"中可以设置文字的相关属性，如图 4-5-7 所示。

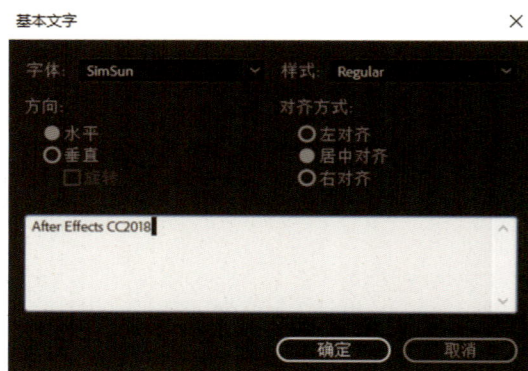

图 4-5-6

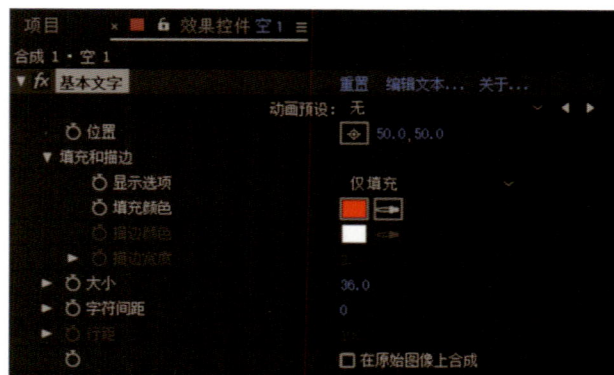

图 4-5-7

"基本文字"滤镜的参数介绍如下。

（1）位置：用来指定文字位置。

（2）填充和描边：用来设置文字的颜色和描边的显示方式。

（3）显示选项：在其下拉菜单中提供了 4 种方式可供选择。"仅填充"，只显示文字的填充颜色；"仅描边"，只显示文字的描边颜色；"在描边上填充"，文字的填充颜色覆盖描边颜色；"在填充上描边"，文字的描边颜色覆盖填充颜色。

（4）填充颜色：设置文字的填充颜色。

（5）描边颜色：设置文字的描边颜色。

（6）描边宽度：设置文字的描边宽度。

（7）大小：设置字体的大小。

（8）字符间距：设置文字的字符间距。

（9）行距：设置文字的行间距。

（10）在原始图像上合成：用来设置与原来图像合成。

5.3.2 "路径文本"滤镜

"路径文本"滤镜可以让文字在自定义的路径上产生一系列的运动效果，还可以使用该滤镜完成"逐一打字"的效果。

执行命令"① 效果 > ② 过时 > ③ 路径文本"，如图4-5-8所示。在效果控件面板中可以设置文字的相关属性，如图4-5-9所示。

"路径文本"滤镜的参数介绍如下。

（1）信息：可以查看文字的相关信息。

（2）路径选项：用来设置路径的属性。

（3）形状类型：设置路径的形状类型。

（4）控制点：设置控制点的位置。

（5）自定义路径：选择创建的自定义路径。

（6）填充和描边：用来显示文字的颜色和描边的显示方式。

（7）字符：用来设置文字的相关属性，比如文字大小、间距和旋转等。

（8）段落：用来设置文字的段落属性。

（9）高级：设置文字的高级属性。

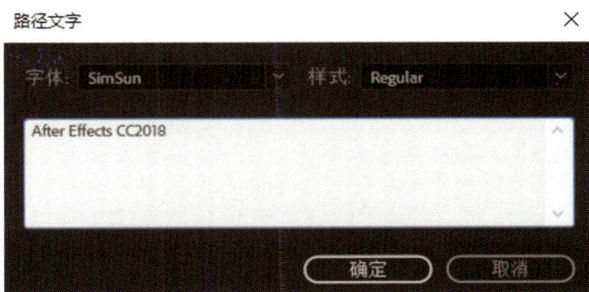

图4-5-8

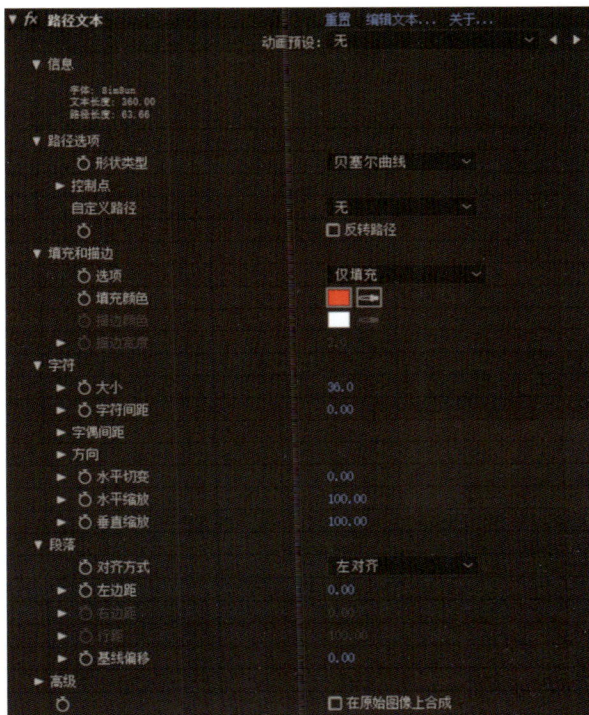

图4-5-9

第6节 制作文字变换动画实例

在影视片头中，文字变换效果被大量地使用，本实例将通过After Effects CC 2018中自带的一些效果来制作一个简单的文字变换动画。

步骤1：打开After Effects，在项目窗口点击"新建合成"按钮 ![按钮]，然后在弹出窗口中设置"① 合成名称：文字变换 > ② 宽度为720px，高度为576px > ③ 持续时间：6秒 > ④ 单击'确定'"，如图4-6-1所示。

步骤 2：在工具栏里选择"文字工具"，在合成面板输入"民族建筑"，字体设置为微软雅黑，字体大小设置为 36 像素，字体加粗，如图 4-6-2 所示。再选择"文字工具"，输入"MIN ZU JIAN ZHU"，字符设置同"民族建筑"，如图 4-6-3 所示。选择两个文字图层，按"Ctrl+Shift+C"预合成，命名为"文字"，如图 4-6-4 所示。

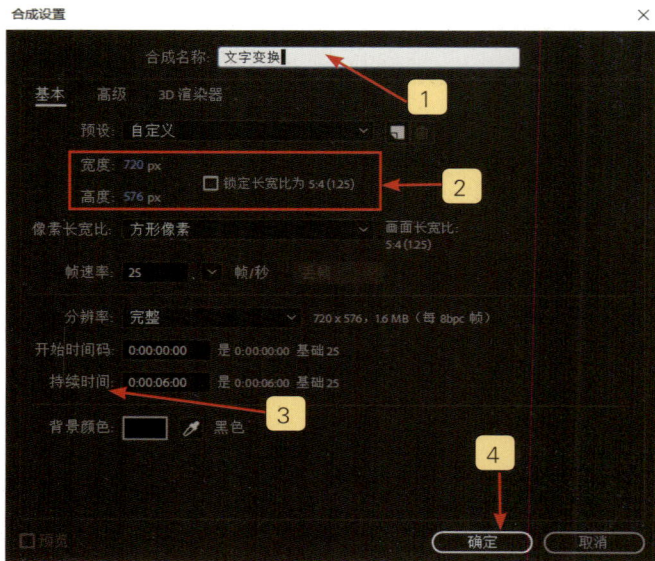

图 4-6-1

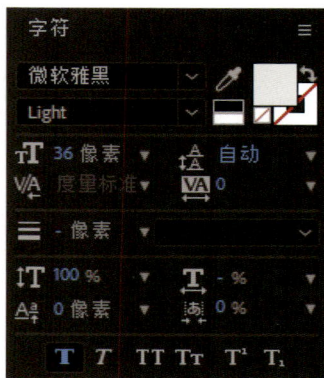

图 4-6-2

图 4-6-3

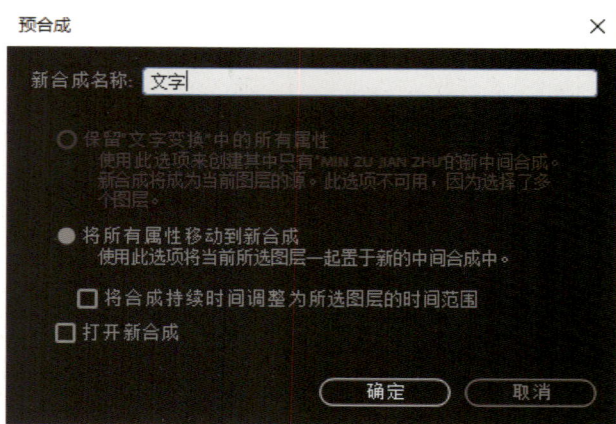

图 4-6-4

步骤 3：在时间轴面板单击右键，执行命令"① 新建 > ② 纯色 > ③ 黑色"，如图 4-6-5 所示。选择纯色层，在工具栏里选择矩形工具里的椭圆工具在合成窗口绘制一个椭圆蒙版，如图 4-6-6 所示。展开蒙版属性，设置蒙版路径的关键帧使其从左向右水平运动；蒙版羽化：130，130；蒙版扩展：50，如图 4-6-7 所示。

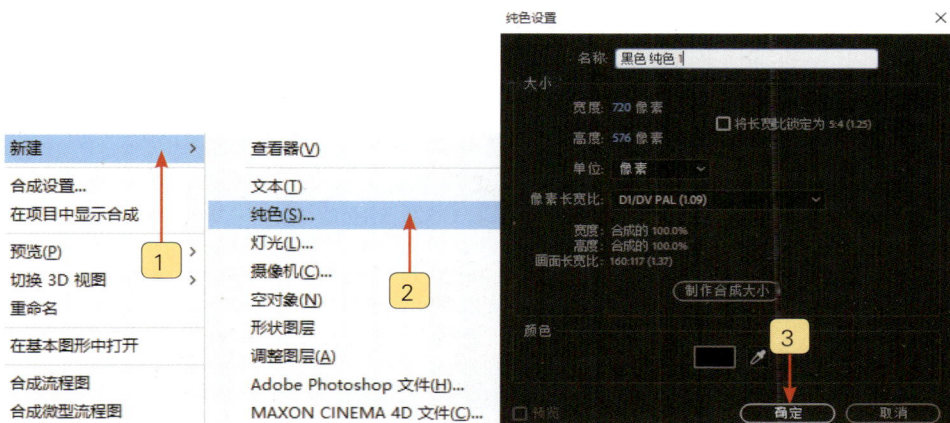

图 4-6-5

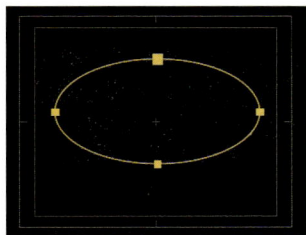

图 4-6-6

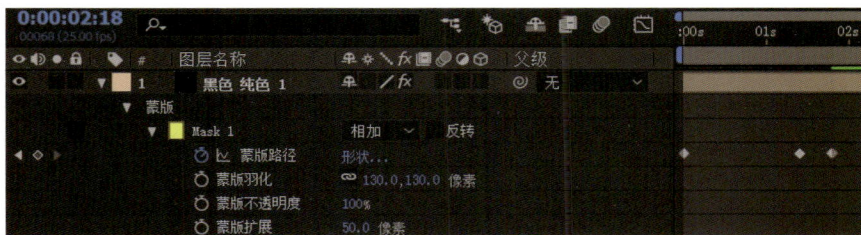

图 4-6-7

步骤 4：选择纯色层，在效果和预设栏里搜索"分形杂色"，双击添加到纯色层中，如图 4-6-8 所示。在效果控件面板展开"分形杂色"属性，设置"① 杂色类型：柔和线性 > ② 对比度：200 > ③ 溢出：剪切 > ④ 复杂度：5 > ⑤ 打开'演化'前的码表在 0:00:00:00 处设置为 0x+0.0°，在 0:00:01:10 处设置为 0x+222°，在 0:00:01:20 处设置为 1x+0.0°"，如图 4-6-9 所示。

完成效果如图 4-6-10 所示。

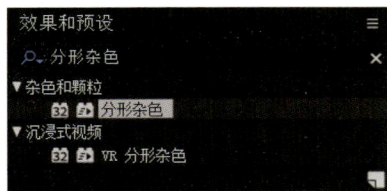

图 4-6-8

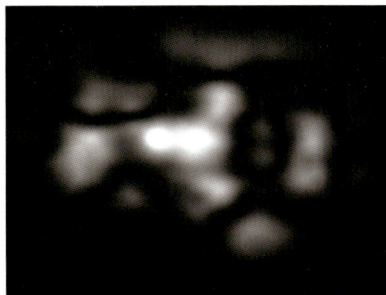

图 4-6-10

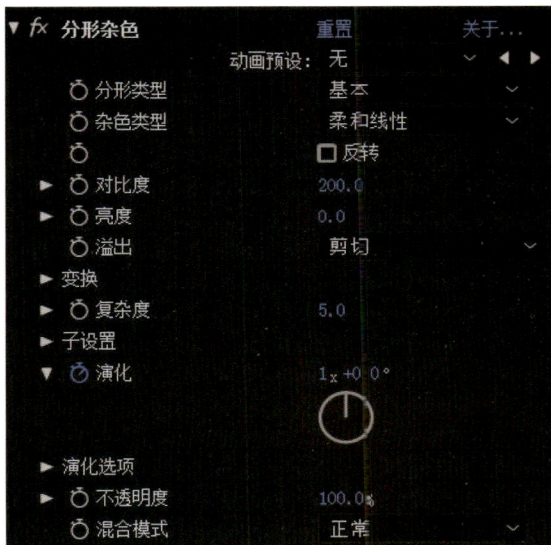

图 4-6-9

步骤 5：选择纯色层，按"Ctrl+D"复制出一层；选择复制出的图层，在效果和预设栏里搜索"曲线"，双击添加到复制的纯色层中，在效果控件面板中将曲线设置为如图 4-6-11 所示；在时间轴面板选择复制的纯色层，右键重命名为"取代 1"；选择第一个纯色层，右键重命名为"取代 2"，如图 4-6-12 所示。

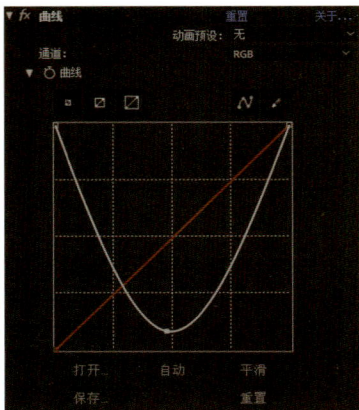

图 4-6-11

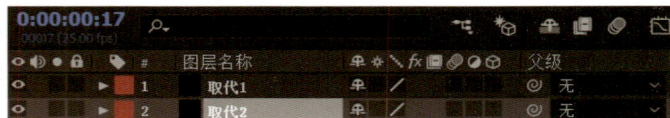

图 4-6-12

步骤 6：选择"文字"合成，在效果和预设栏里搜索"复合模糊"，双击添加到"文字"合成中；在效果控件面板中展开"复合模糊"属性，设置"① 模糊图层：2.取代 1 > ② 最大模糊：45"，如图 4-6-13 所示。

然后在效果和预设栏里搜索"置换图"，双击添加到"文字"合成中，在效果控件面板中展开"置换图"属性，设置"① 置换图层：3.取代 2 > ② 用于水平置换：红色 > ③ 最大水平置换：200 > ④ 用于垂直置换：蓝色 > ⑤ 最大垂直置换：-200 > ⑥ 置换图特性：拼贴图 > ⑦ 边缘特性：像素回绕"，如图 4-6-14 所示。

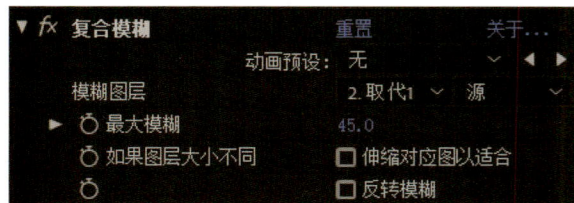

图 4-6-13

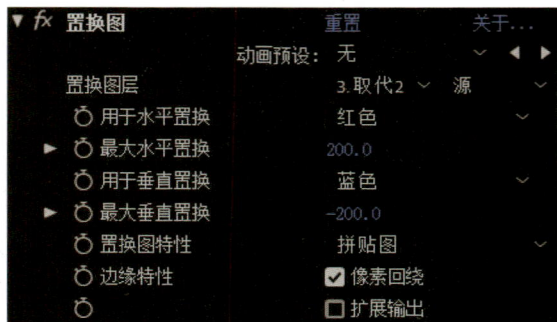

图 4-6-14

最后在效果和预设栏里搜索"发光"，双击添加到"文字"合成中，在效果控件面板中展开"发光"属性，设置"① 发光阈值：12.5% > ② 发光半径：55 > ③ 发光强度：1 > ④ 发光颜色：A 和 B 颜色 > ⑤ A 和 B 中点：50% > ⑥ 颜色 A：黄色；颜色 B：红色"，如图 4-6-15 所示。

选择"文字""取代1"和"取代2"三个图层，按"Ctrl+Shift+C"预合成，命名为"民族建筑"，如图4-6-16所示。

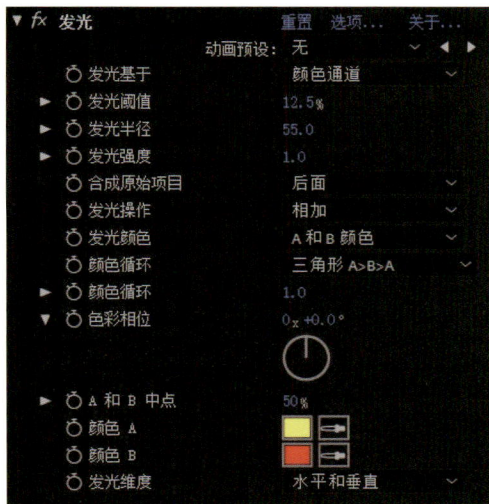

图4-6-15

图4-6-16

步骤7：选择"民族建筑"图层，按"Ctrl+D"复制出一层后由上至下选择第一层，在效果和预设栏里搜索"色阶"，双击添加到"民族建筑"合成中，在效果控件面板中展开"色阶"属性，设置"输入黑色：30"，如图4-6-17所示。然后在效果和预设栏里搜索"曲线"，双击添加到"民族建筑"合成中，在效果控件面板中展开"曲线"属性，设置曲线如图4-6-18所示。

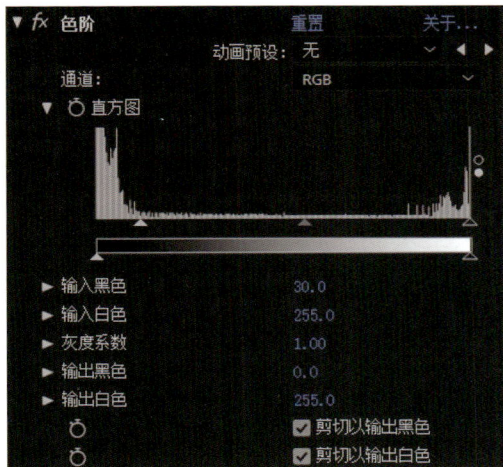

图4-6-17

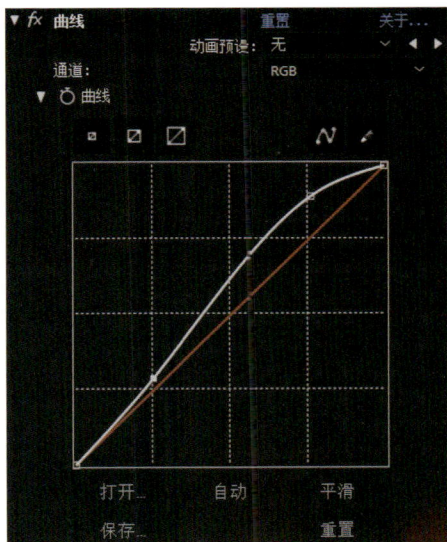

图4-6-18

选择第二层，在效果和预设栏里搜索 "CC Radial Fast Blur"，双击添加到复制的 "民族建筑" 合成中，在效果控件面板中展开 "CC Radial Fast Blur" 属性，设置如下：① 打开 "Center" 前的码表，在 0:00:01:20 处设置为 360，288；在 0:00:03:10 处设置为 608，288。② 打开 "Amount" 前的码表，在 0:00:01:15 处设置为 0，在 0:00:02:00 处设置为 80，在 0:00:02:11 处设置为 80，在 0:00:02:22 处设置为 80，在 0:00:04:00 处设置为 0，如图 4-6-19 所示。

在效果和预设栏里搜索 "填充"，双击添加到复制的 "民族建筑" 合成中，颜色：红色，如图 4-6-20 所示。

最终预览动画效果如图 4-6-21 所示。

图 4-6-19

图 4-6-20

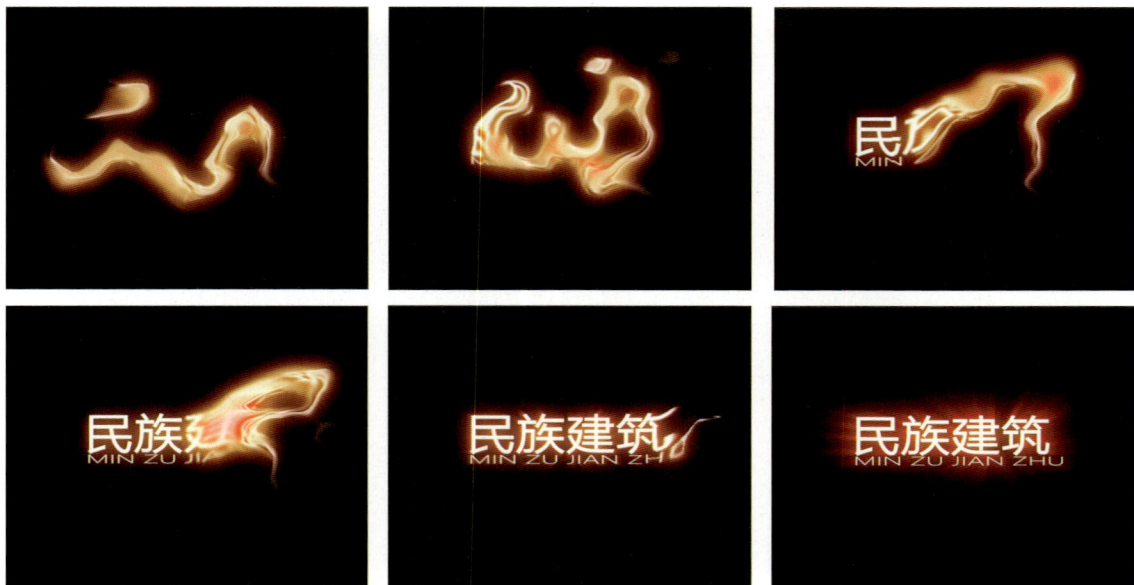

图 4-6-21

第7节 制作路径文字动画实例

在 After Effects 中文字可以沿一条路径运动，在"文字"图层中创建一个蒙版路径，那么就可以将这个蒙版路径作为一个文字的路径来制作动画。作为路径的蒙版可以是封闭的，也可以是开放的。（注：若使用闭合的蒙版作为路径，必须设置蒙版的模式为"无"。）

步骤 1：执行命令"① 合成 > ② 新建合成 > ③ 设置后单击'确定'按钮"，如图 4-7-1 所示。

步骤 2：双击项目面板，导入素材文件，拖曳到时间轴面板，如图 4-7-2 所示。

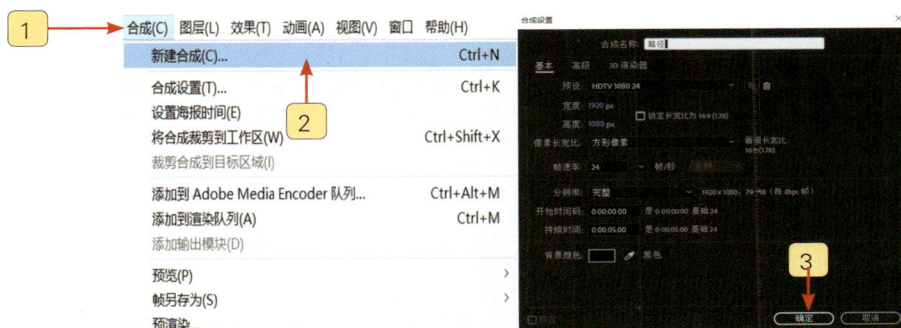

图 4-7-1

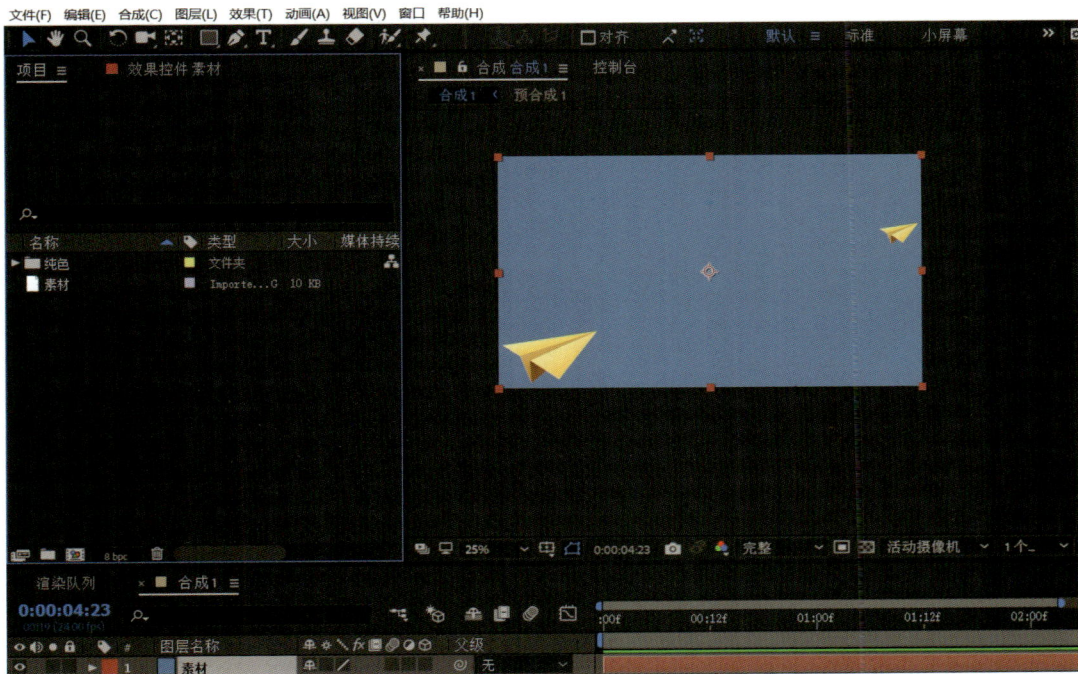

图 4-7-2

步骤 3：在工具栏里选择文字工具，建立文字层，输入文字"After Effects cc 2018"，如图 4-7-3 所示。

步骤 4：选择文字层，在工具栏里选择钢笔工具，绘制一条开放的运动轨迹，如图 4-7-4 所示。

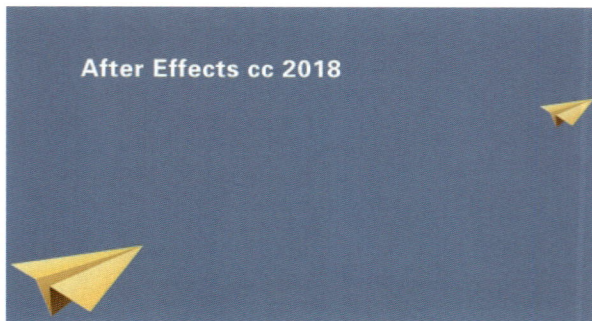

图 4-7-3

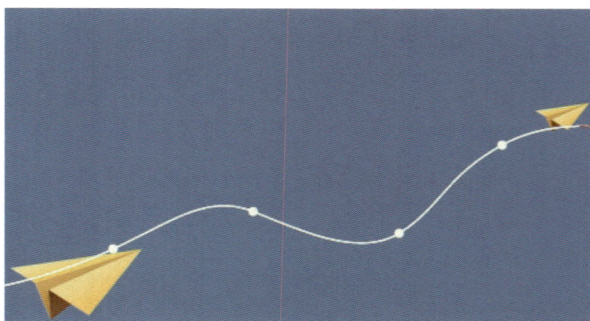

图 4-7-4

步骤 5：选择文字层，执行命令"① 文本 > ② 路径选项 > ③ 路径：蒙版 1"，如图 4-7-5 所示。效果如图 4-7-6 所示。

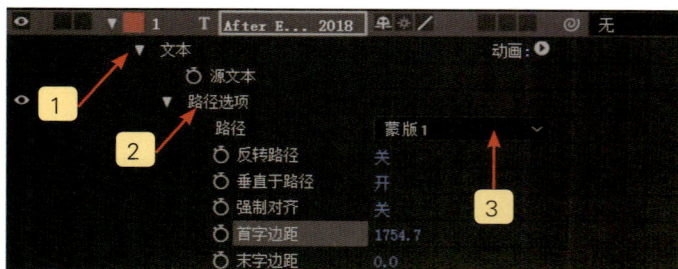

图 4-7-5

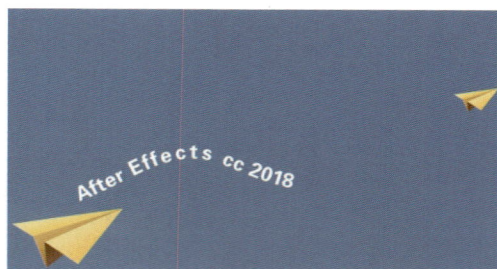

图 4-7-6

步骤 6：选择文字层，执行命令"① 文本 > ② 路径选项 > ③ 打开'首字边距'前的码表按钮，在 0:00:00:00 处将首字边距的值设置为 -880，在 0:00:05:00 处设置为 2164"，如图 4-7-7 所示。最终预览动画效果如图 4-7-8 所示。

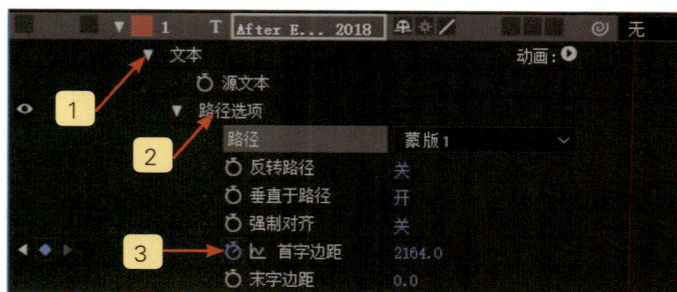

图 4-7-7

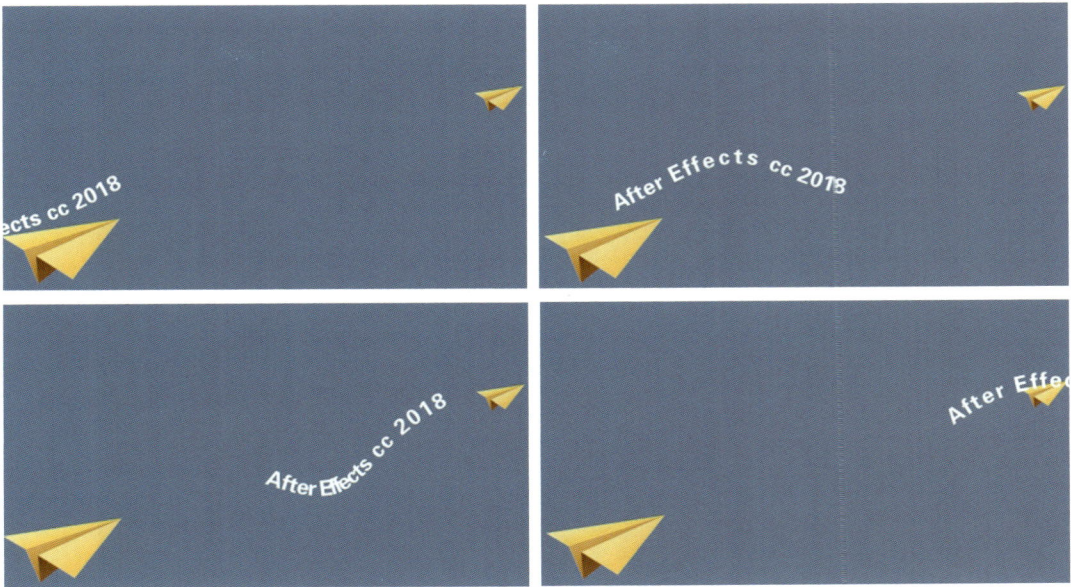

图 4-7-8

第 8 节 制作打字效果实例

在一些影视片头中经常出现打字效果，该效果是模拟敲击电脑键盘而打出文字的效果。现在我们开始制作打字效果。

步骤 1：首先打开 After Effects，在项目窗口空白区域单击鼠标右键，① 执行命令"新建合成" > ② 设置完成后单击"确定"按钮，如图 4-8-1 所示。

步骤 2：双击项目面板，导入素材文件并将其拖曳到时间轴面板，如图 4-8-2 所示。

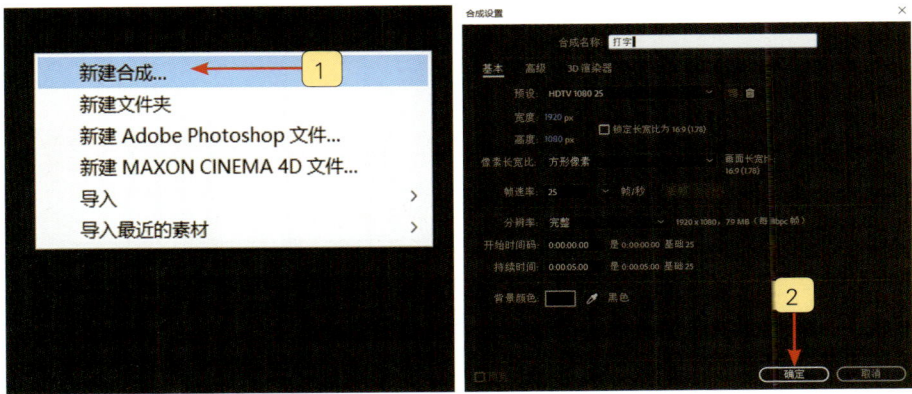

图 4-8-1

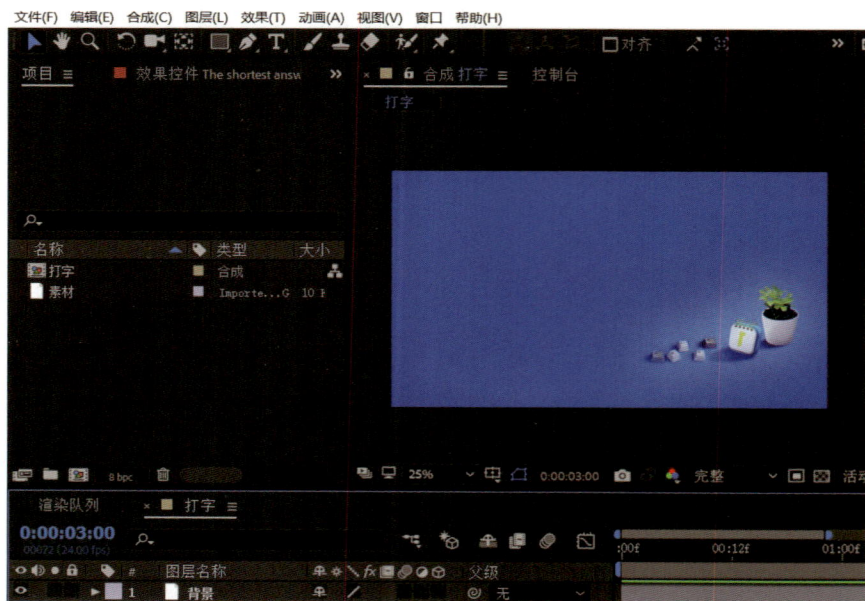

图 4-8-2

步骤 3：在时间轴面板单击右键，执行命令"① 新建 > ② 文本 > ③ 输入 'The shortest answer is doing.'"，如图 4-8-3 所示。

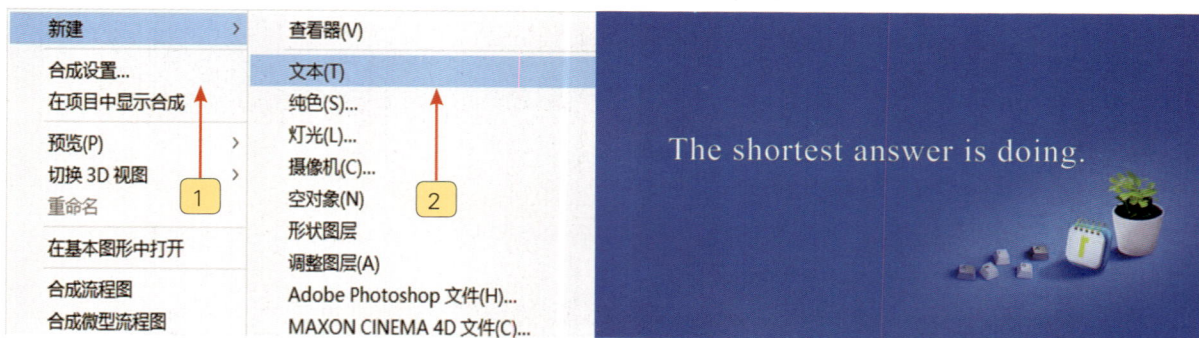

图 4-8-3

步骤 4：在时间轴面板选择文字层，在效果和预设栏里搜索"打字机"，双击"打字机"效果，该效果就赋予文字层了，如图 4-8-4 所示。使用该效果后按"U"键显示文字层关键帧，如图 4-8-5 所示（其实是"打字机"效果帮助我们省去了手动设置关键帧的步骤）。两个关键帧的时间间隔越长，打字速度越慢；反之则越快。

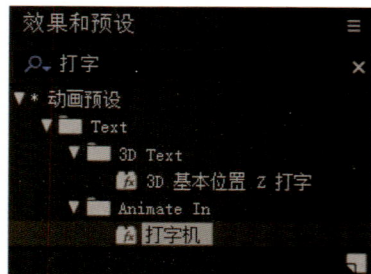

图 4-8-4

图 4-8-5

最终预览动画效果如图 4-8-6 所示。

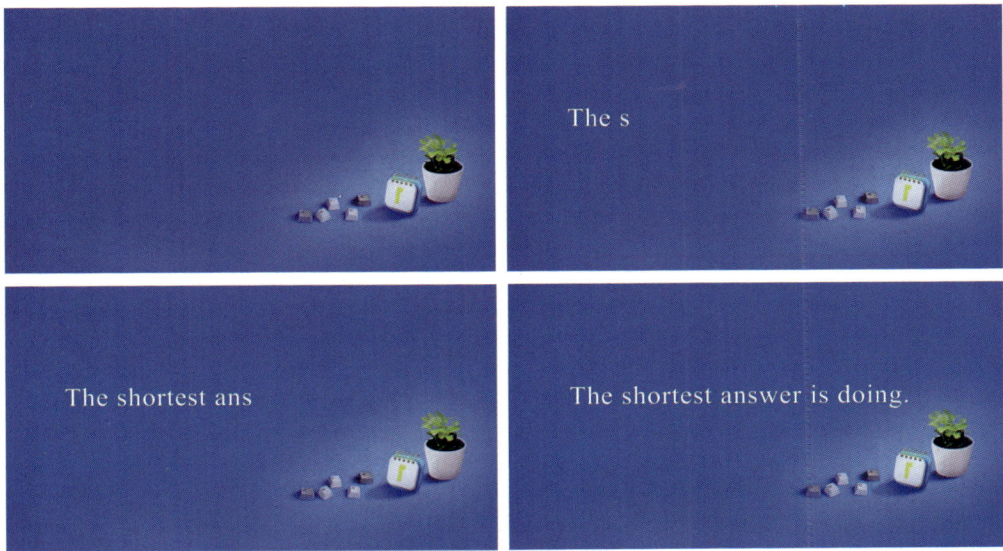

图 4-8-6

第9节　制作跳动文字效果实例

实现文字跳动效果的方法有很多种，本实例通过特效文字实现文字跳动效果。

步骤 1：首先打开 After Effects CC 2018，新建 1920px×1080px 的合成；按快捷键 "Ctrl+Y" 新建黑色纯色层。

步骤 2：在效果与预览栏里输入 "路径文本"，如图 4-9-1 所示；双击 "路径文本"，在弹出的 "路径文字" 窗口中输入 "After Effects CC 2018"，单击 "确定"，如图 4-9-2 所示。

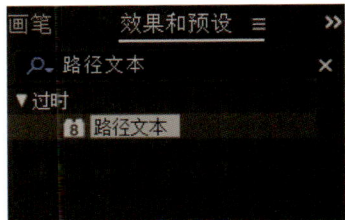

图 4-9-1

图 4-9-3

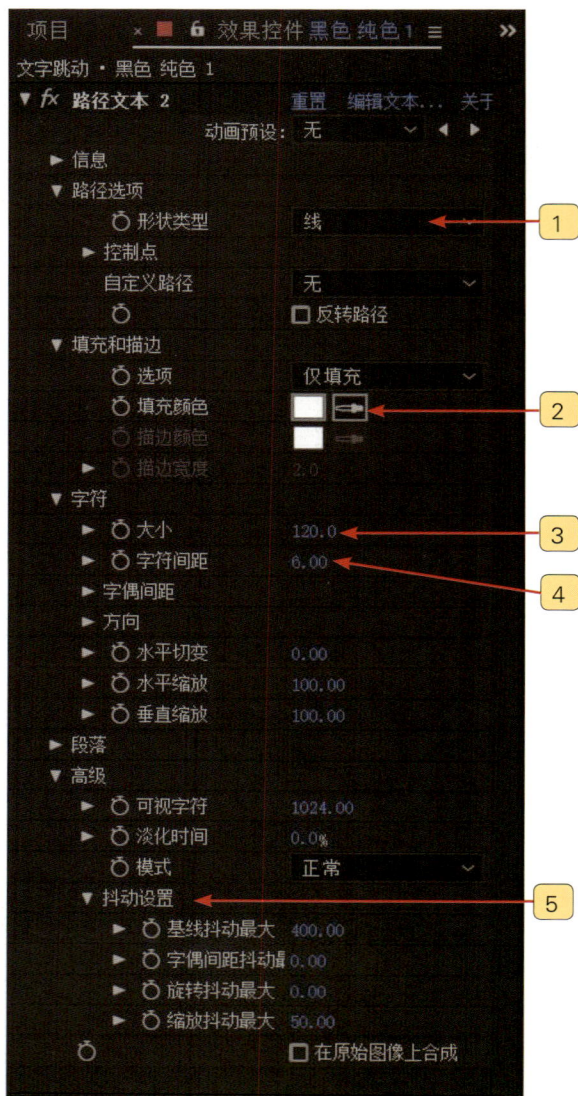

图 4-9-2

步骤 3：在效果控件面板中展开"路径文本"属性进行设置，① 形状类型：线。② 填充颜色：白色。③ 字符大小：120。④ 字符间距：6。⑤ 展开"高级"属性下的"抖动设置"，打开码表将"基线抖动最大值"在 0:00:01:15 处设置为 400，打开码表将"缩放抖动最大值"在 0:00:01:15 处设置为 50，如图 4-9-3 所示。在 0:00:03:00 处将"基线抖动最大值"和"缩放抖动最大值"设置为 0，如图 4-9-4 所示。

最终预览效果如图 4-9-5 所示。

图 4-9-4

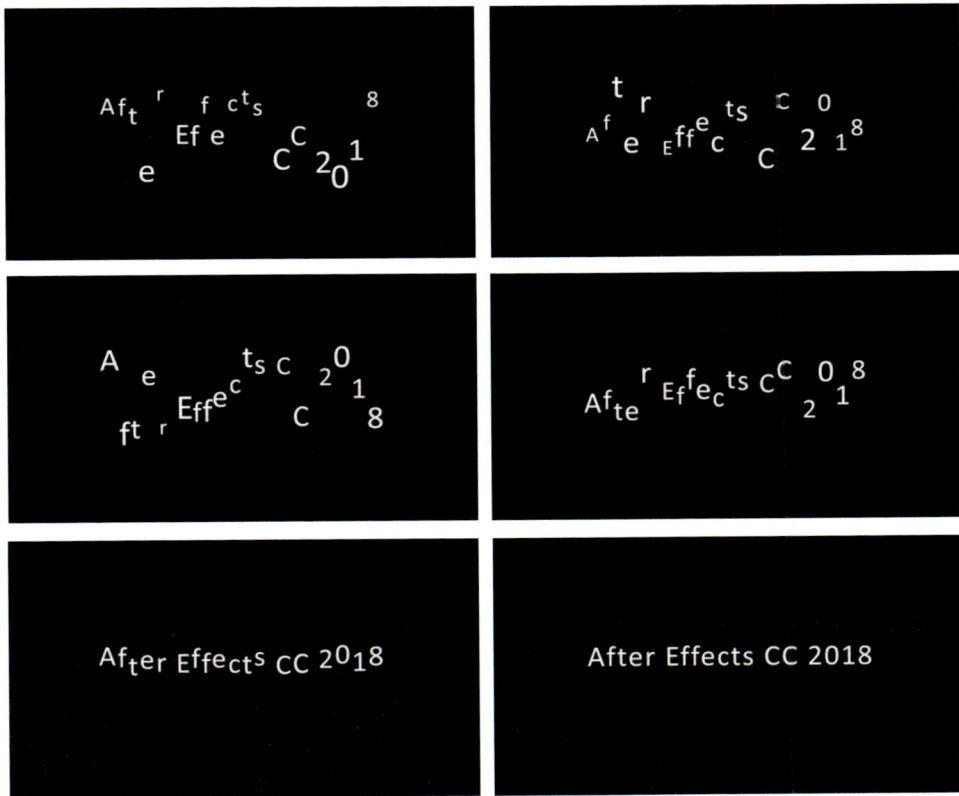

图 4-9-5

思考与练习

通过对 After Effects CC 2018 的动画和文字编辑功能的学习与了解，尝试制作一个图层动画和一个文字遮罩动画。

第5章 案例："阿锋鲍鱼"广告制作

本章对运用素材在 After Effects CC 2018 中的关键帧动画制作进行了详细的讲解，了解广告制作的流程，便于在以后的创作中有清晰的思路和流程。通过对"阿锋鲍鱼"的制作和学习，读者可以掌握图像的制作、关键帧动画以及插件的使用方法和技巧。

重点知识

★ 插件的安装

★ 关键帧动画的制作

★ 渲染输出影片

第 1 节 影片分析

广告片头的制作一般都是用 After Effects 来完成的，但在制作广告前我们需要对其进行分析。"阿锋鲍鱼"广告主要展示的是美味的菜品、舒适的环境和 Logo 的演绎，因此我们需要准备的素材是菜肴、环境和 Logo 的图片。本章将带领大家从头开始完成一个完整的广告制作，效果展示如图 5-1-1 所示。

图 5-1-1

第 2 节　影片制作

2.1 插件安装

在制作影片前，首先我们需要安装本案例所需插件。

2.1.1 Trapcode 安装

Trapcode 是 After Effects 中常用的滤镜插件。Trapcode 安装步骤如下。

步骤 1：打开所需安装插件所在文件夹，找到"Trapcode"，将这个文件夹全选并按"Ctrl+C"复制。

步骤 2：在桌面上找到 After Effects 图标后，执行命令"① 右键 > ② 打开文件所在的位置"，如图 5-2-1 所示。在打开的文件夹中找到"Plug-ins"文件夹并按"Ctrl+V"将插件粘贴到该文件夹中就安装完成了，如图 5-2-2 所示。

图 5-2-1

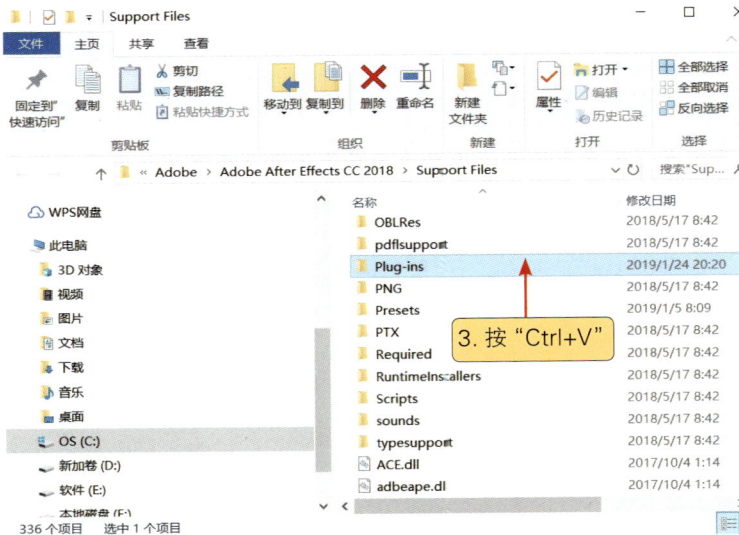

图 5-2-2

2.1.2 灯光工厂 3.0 安装

Light Factory（光工厂）插件具体讲解见第 8 章。

安装步骤如图 5-2-3 所示。

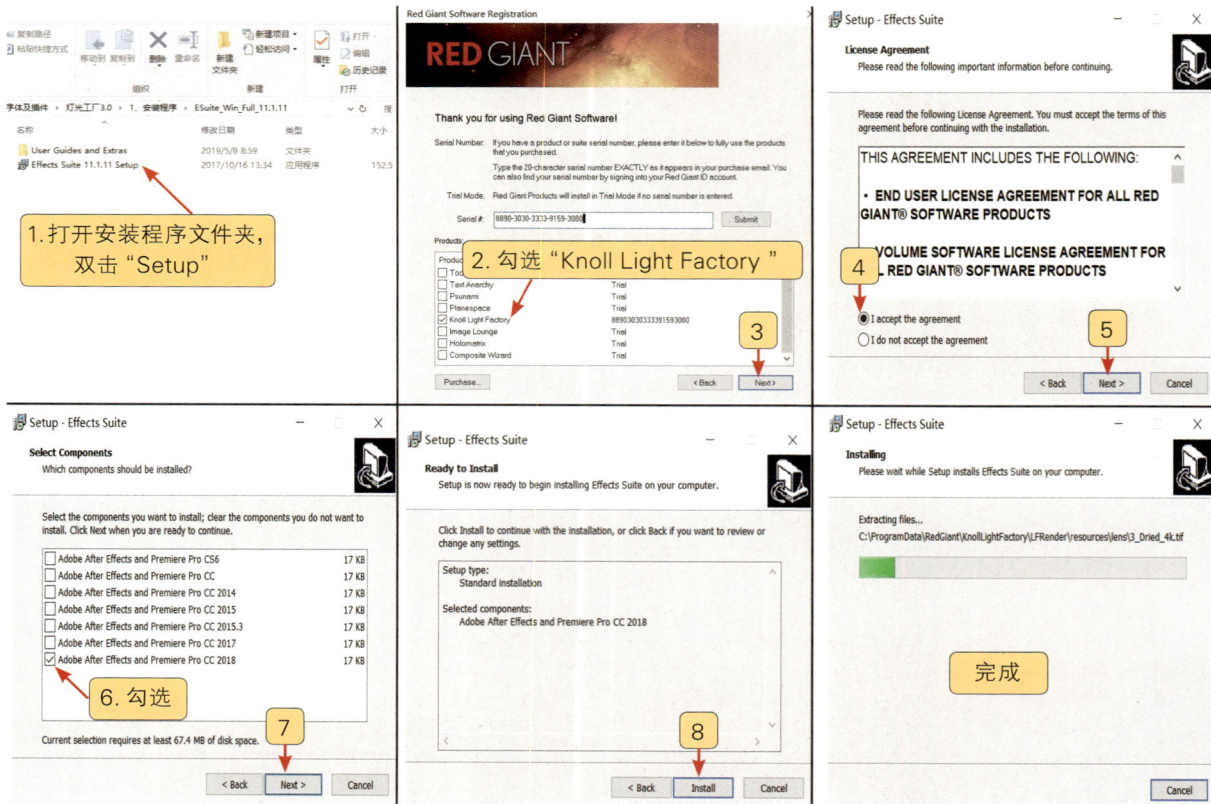

图 5-2-3

2.2 动画制作

步骤1：打开 After Effects，在项目窗口双击左键，弹出"导入文件"窗口，分别将"鲍鱼""菜品""场景"和"字体"四个素材导入，导入种类：合成，如图5-2-4、图5-2-5所示。

导入之后在项目窗口会出现导入的所有素材，如图5-2-6所示。

图 5-2-4

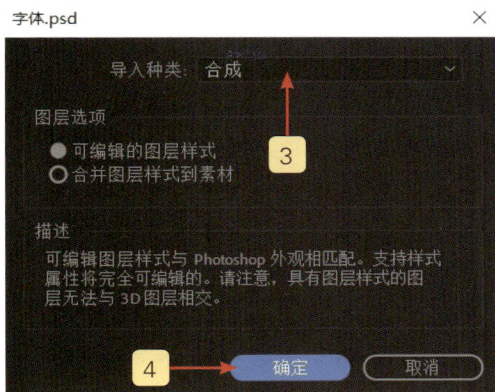

图 5-2-5

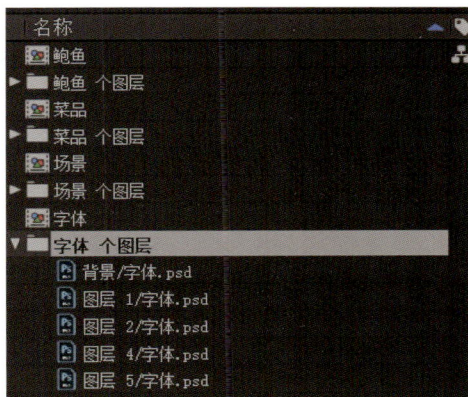

图 5-2-6

步骤 2：在项目面板点击 ，新建合成，命名为"全部"；合成大小为 720px×576px；持续时间为 10 秒；单击"确定"，如图 5-2-7 所示。新建合成后在项目面板找到"菜品"合成，将它拖曳到时间轴面板后，重命名为"sc01"，如图 5-2-8 所示。

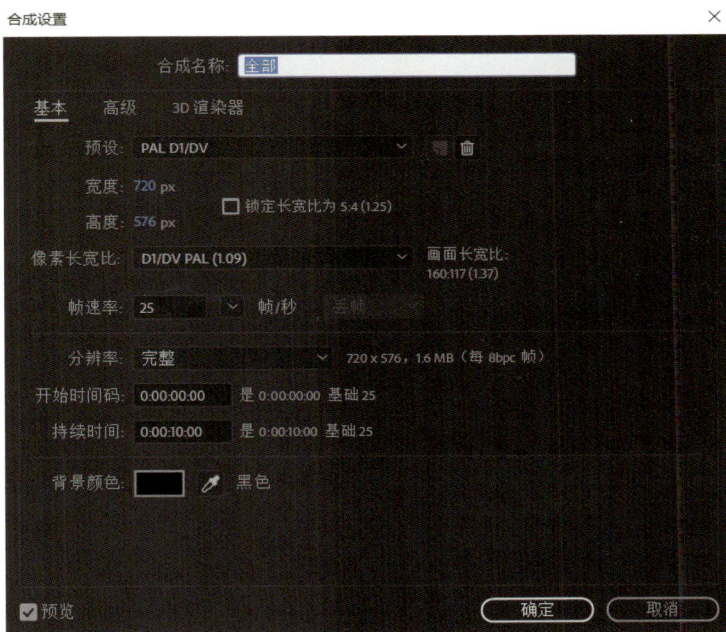

图 5-2-7

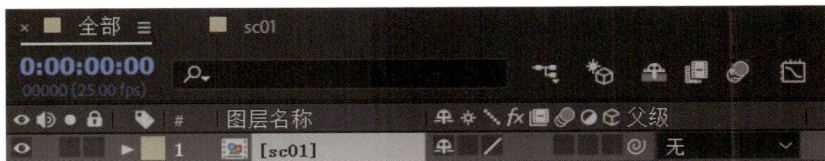

图 5-2-8

在项目面板中打开"菜品"文件夹，选择"图层 1"将其拖曳到"sc01"图层的下面，重命名为"底图层"，并将该图层锁住，如图 5-2-9 所示。

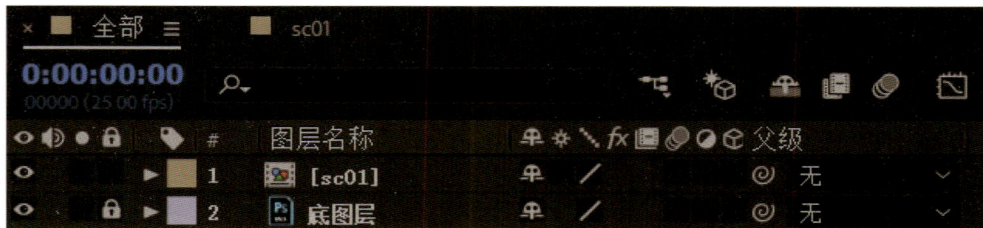

图 5-2-9

步骤 3：按快捷键"Ctrl+Y"新建一个黑色纯色层，命名为"遮罩"。在合成面板中点击按钮 ，调出"标题 / 动作安全"后，选择"遮罩"层，在工具栏里选择矩形工具以安全框为基础绘制一个矩形蒙版，如图 5-2-10 所示。

① 展开"遮罩"层属性。② 展开"蒙版"。③ 将"遮罩 1"设置为反转，如图 5-2-11 所示。效果如图 5-2-12 所示。

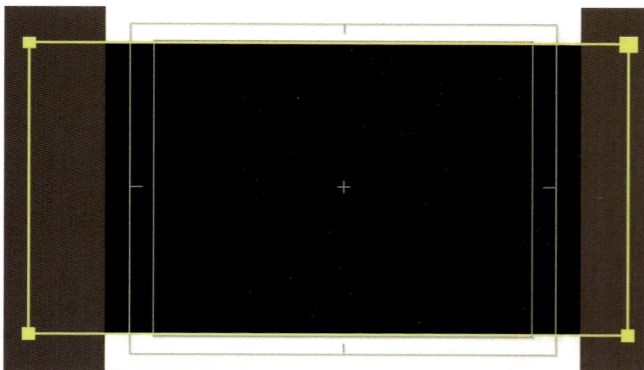

图 5-2-10

图 5-2-12

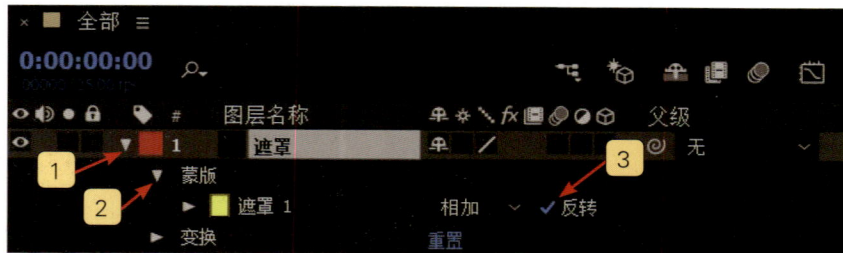

图 5-2-11

步骤 4：在时间轴面板双击"sc01"层进入"sc01"合成，如图 5-2-13 所示。选择"图层 2"，
用矩形工具在合成面板中绘制一个矩形蒙版，如图 5-2-14 所示。展开"图层 2"的蒙版属性，在
0:00:00:12 处打开"蒙版路径"前的码表；在 0:00:00:04 处在合成面板双云蒙版，向上拉将其蒙版
形状变成如图 5-2-15 所示。蒙版羽化：45，92 像素，如图 5-2-16 所示。

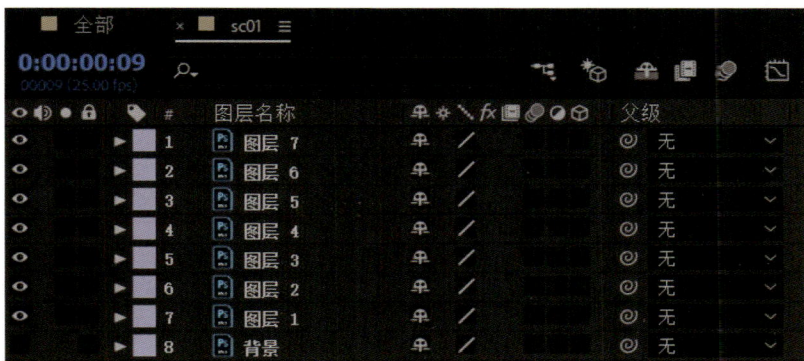

图 5-2-13

图 5-2-14

图 5-2-15

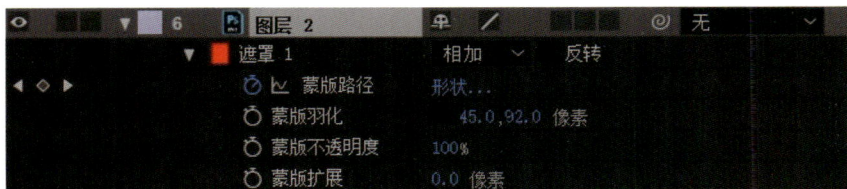

图 5-2-16

　　回到第 1 帧，选择"图层 2"的"遮罩"并按"Ctrl+C"复制，选择"图层 3"至"图层 7"并按"Ctrl+V"粘贴遮罩。设置其依次播放每个图层间隔 4 帧，如图 5-2-17 所示。预览效果如图 5-2-18 所示。

　　回到总合成，将"sc01"层在 0:00:01:10 处切断，按快捷键"Ctrl+】"，如图 5-2-19 所示。

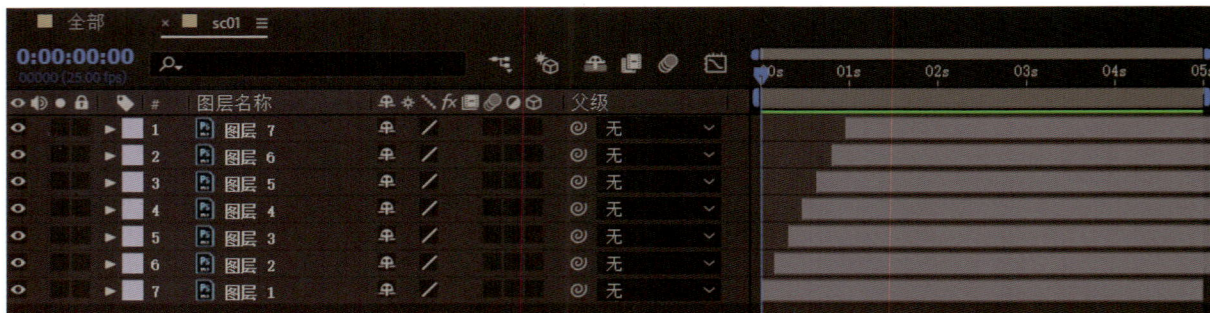

图 5-2-17

图 5-2-18

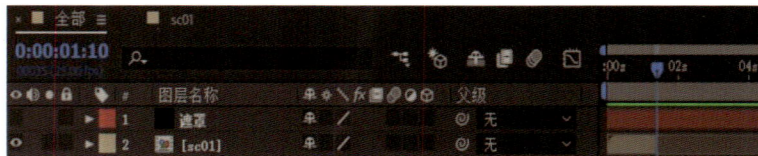

图 5-2-19

　　步骤 5：制作联系电话、地址、角标。在工具栏里选择文字工具分别输入"订餐电话：123456""地址：文艺路经贸大厦 7F"，建立两个文字层。① 字符大小：36 像素。② 订餐电话文字层位置设置为 365，50。③ 地址文字层位置设置为 163，554。④ 在项目面板中的"字体"文件夹中选择"图层 1"角标拖曳到文字层上面，按"P"键位置设置为 676，69.5；按"S"键缩放设置为 23.8，23.8%，如图 5-2-20 所示。效果如图 5-2-21 所示。

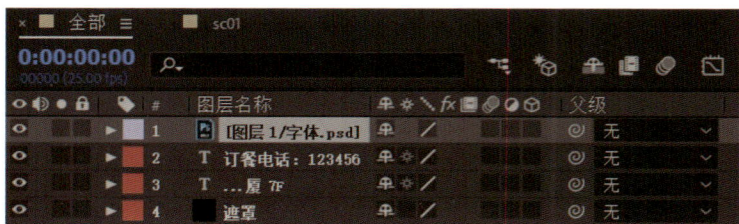

图 5-2-20

图 5-2-21

选择"遮罩"层、两个文字层和"图层 1"角标这四个图层，按"Ctrl+Shift+C"预合成，命名为"文字层"，如图 5-2-22 所示。

步骤 6：在项目面板中打开"场景"文件夹，找到"图层 6"并拖曳到"sc01"层的上面，按"Ctrl+Shift+C"预合成，命名为"sc02"，如图 5-2-23 所示。

双击"sc02"进入合成"图层 6"进行构图，按"P"键位置设置为 277.4，286；按"S"键缩放设置为 118.6，118.6%，效果如图 5-2-24 所示。

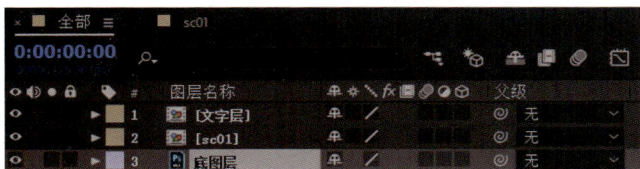

图 5-2-22

图 5-2-23

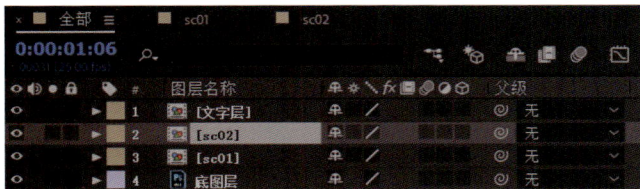

图 5-2-24

给"图层 6"设置关键帧动画，按"P"键打开位置属性，在 0:00:00:00 处打开位置码表，在 0:00:02:00 处设置为 546.5，286。预览效果如图 5-2-25 所示。

图 5-2-25

步骤 7：在项目面板中打开"场景"文件夹，选择"图层 2"拖曳到"sc02"层的上面进行构图，按"P"键位置设置为 390，364；按"S"键缩放设置为 140.2，140.2%，效果如图 5-2-26 所示。

给"图层 2"设置关键帧动画，按"S"键打开缩放属性，在 0:00:00:00 处打开缩放码表；在 0:00:02:00 处设置为 110.3，110.3%。

在项目面板中打开"鲍鱼"文件夹，选择"图层 1"并拖曳到"图层 2"上面，设置关键帧动画，按"S"键打开缩放属性，在 0:00:00:00 处打开缩放码表；在 0:00:02:00 处设置为 114.2，114.2%，如图 5-2-27 所示。

将"图层1"拖曳到0:00:01:05处,选择"图层2/场景"和"图层1"两层按"Ctrl+Shift+C"预合成,命名为"sc03",在0:00:06:00处切断按键"Ctrl+】",如图5-2-28所示。预览效果如图5-2-29所示。

图 5-2-26

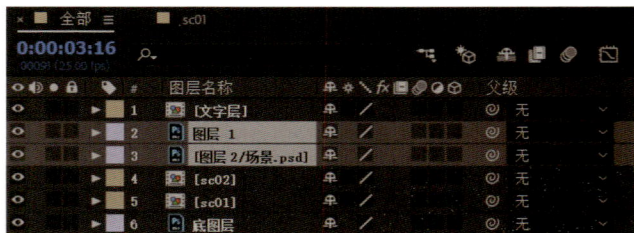

图 5-2-27

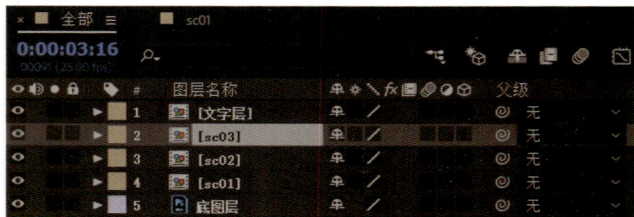

图 5-2-28

图 5-2-29

步骤8:在项目面板中打开"场景"文件夹,找到"图层5"并拖曳到"sc03"层的上面,按"Ctrl+Shift+C"预合成,命名为"sc04",如图5-2-30所示。

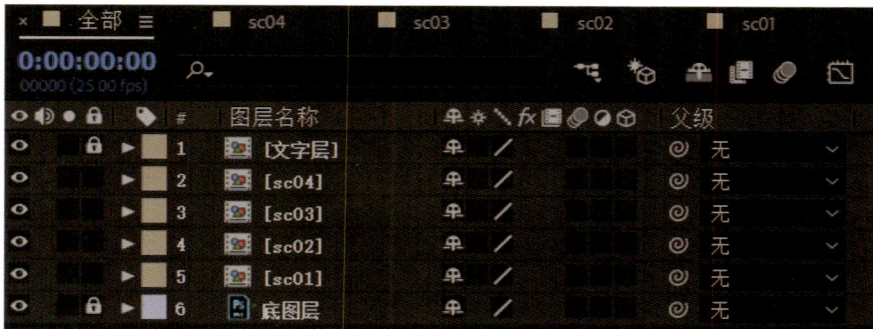

图 5-2-30

① 将 “sc02” 层拖曳到 0:00:01:20 处，将 “sc03” 层拖曳到 0:00:03:15 处，将 “sc04” 层拖曳到 0:00:06:08 处。② 选择 “sc02” 层，按 “T” 显示 “不透明度”，在 0:00:01:20 处打开码表，“不透明度” 设置为 0%，在 0:00:01:23 处 “不透明度” 设置为 100%；选择两个关键帧，按 “Ctrl+C” 复制关键帧，在 “sc03” 层的 0:00:03:15 处按 “Ctrl+V” 粘贴关键帧，在 “sc04” 层的 0:00:06:08 处按 “Ctrl+V” 粘贴，如图 5-2-31 所示。

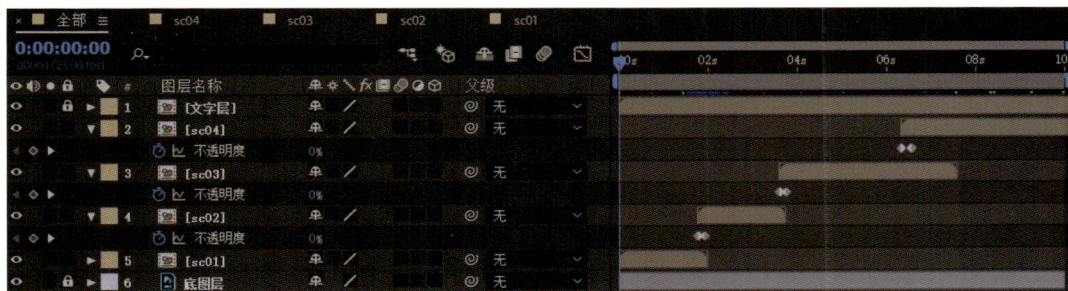

图 5-2-31

步骤 9：双击 “sc04” 进入合成后，在项目面板中打开 “字体” 文件夹，找到 “图层 1” 和 “图层 2” 并将其拖曳到 “图层 5” 的上面，进行构图。① 选择 “图层 1”，按 “S” 键将缩放设置为 67.9，67.9%；接着按 “P” 键将位置设置为 452，278.5。② 选择 “图层 2”，按 “S” 键将缩放设置为 81，81%；接着按 “P” 键将位置设置为 449，452。效果如图 5-2-32 所示。

步骤 10：双击 “sc01” 进入，选择文字工具在合成面板分别输入 “体验” 和 “非凡粤菜”。① “体验” 字体：汉真广标；“非凡粤菜” 字体：隶书。② 字体大小：72。③ 在描边上填充：红色。④ 描边宽度：6，如图 5-2-33 所示。

图 5-2-32

图 5-2-33

① 选择 "体验" 文字图层, 按 "P" 键打开位置属性, 在 0:00:00:00 处位置设置为 72, 433; 在 0:00:01:12 处位置设置为 186, 433。② 选择 "非凡粤菜", 按 "P" 键位置设置为 173.9, 15; 将 "非凡粤菜" 层作为 "体验" 层的子物体运动建立父子关系, 如图 5-2-34 所示。

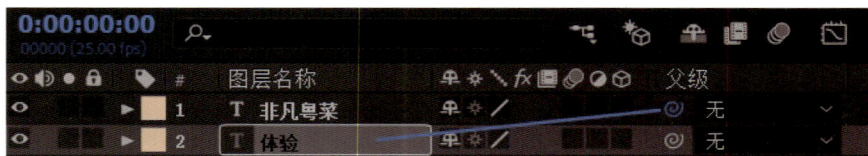

图 5-2-34

展开 "非凡粤菜" 的 "文本" 属性, 找到 动画:◐, 左键点击动画后面的小三角添加 "全部变换属性" 后, ① 设置位置: −495, 0.0; 设置缩放: 400, 400%; 设置倾斜: 70。② 将 "起始" 设置关键帧, 在 0:00:00:00 处设置起始: 0%; 在 0:00:01:00 处设置起始: 100%。③ 为使文字不产生加速运动, 我们将位置、缩放、倾斜在 0:00:00:00 处打开码表, 在 0:00:01:00 处设置位置: 0.0, 0.0; 设置缩放: 100, 100%; 设置倾斜: 0。④ 找到 动画:◐, 左键点击动画后面的小三角添加 "全部变换属性", 将动画 2 放到动画 1 的上面, 不透明度设置关键帧, 在 0:00:00:00 处设置不透明度: 0%; 在 0:00:00:05 处设置不透明度: 100%, 如图 5-2-35 所示。

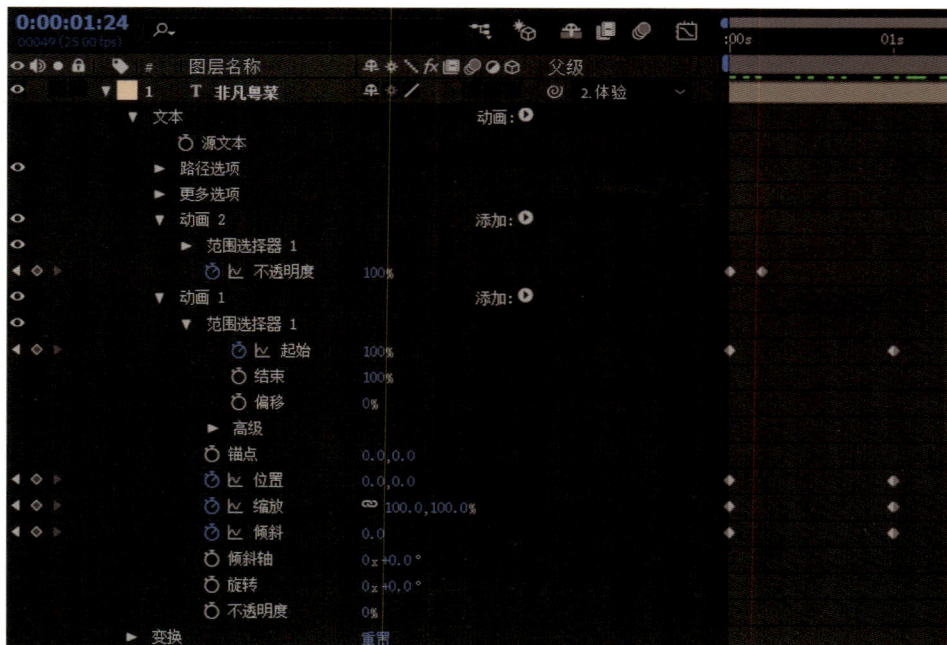

图 5-2-35

"sc02" 图层中的 "商务宴请" 和 "首选" 文字动画与该文字制作方法大致相同, 可参考该步骤进行制作, 就不再讲解了。

步骤 11：双击"sc03"进入，选择文字工具在合成面板分别输入"吃在广东"和"吃鲍鱼上阿锋"，① "吃在广东"字体：汉真广标；"吃鲍鱼上阿锋"字体：隶书；字符设置可参考步骤 10。② "吃在广东"，按"P"键位置设置：93，289；"吃鲍鱼上阿锋"，按"P"键位置设置：192，422。③ "吃在广东"，在添加"全部变换属性"后，将"结束"设置：25%；"缩放"设置：0.0，0.0%；将"偏移"码表打开设置关键帧，在 0:00:00:00 处设置偏移：-25%，在 0:00:01:05 处设置偏移：100%。④ "吃鲍鱼上阿锋"，在添加"全部变换属性"后，将"结束"设置：25%；"缩放"设置：0.0，0.0%；将"偏移"码表打开设置关键帧，在 0:00:01:11 处设置偏移：-25%，在 0:00:02:16 处设置偏移：100%，如图 5-2-36 所示。

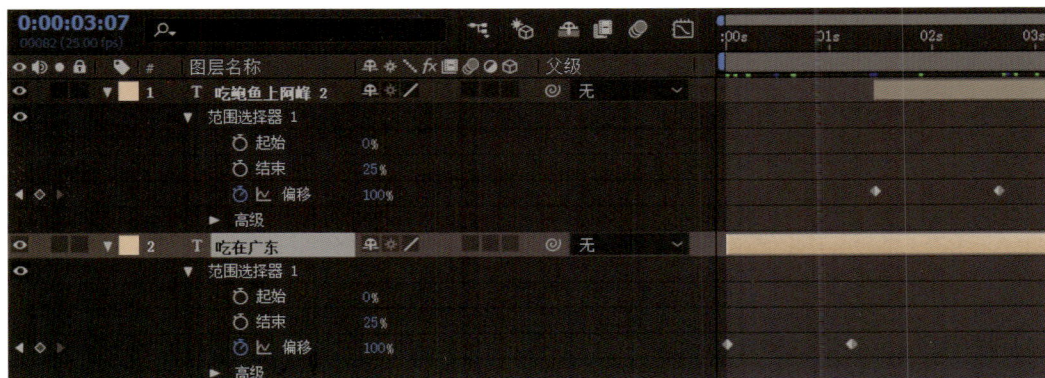

图 5-2-36

步骤 12：双击"sc04"进入，选择"图层 5 / 场景"，在效果和预设栏里搜索"高斯模糊"，如图 5-2-37 所示。双击效果赋予选择图层，在效果控件面板中展开"高斯模糊"的属性，将"模糊度"设置关键帧，在 0:00:00:10 处打开"模糊度"前的码表，在 0:00:01:10 处将"模糊度"设置为 6.7，如图 5-2-38 所示。

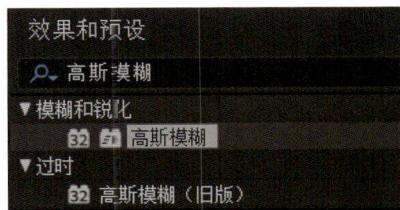

图 5-2-37

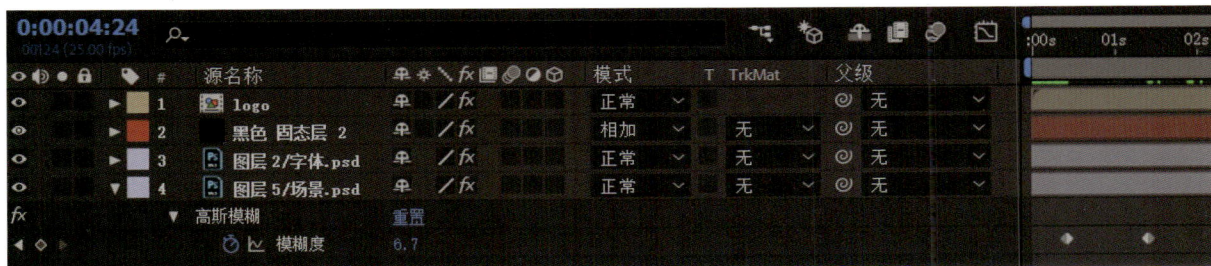

图 5-2-38

（1）选择"图层2／字体"，在效果和预设栏里搜索"梯度渐变"，双击效果赋予选择图层。在效果控件面板中展开"梯度渐变"的属性进行设置，将渐变终点设置为245.3，−1.2，如图5-2-39所示。效果如图5-2-40所示。

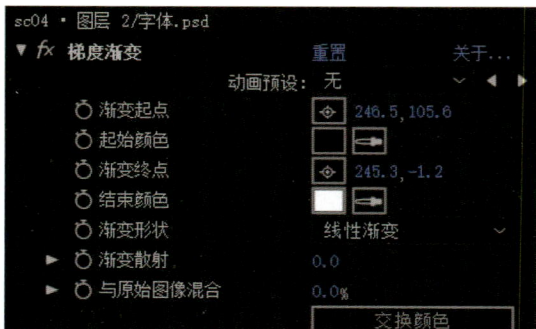

图5-2-39

图5-2-40

（2）选择"图层2／字体"，在效果和预设栏里搜索"斜面Alpha"，双击效果赋予选择图层。无须设置，效果如图5-2-41所示。

（3）选择"图层2／字体"，在效果和预设栏里搜索"曲线"，双击效果赋予选择图层。调节成M型曲线使其达到金属效果，如图5-2-42所示。效果如图5-2-43所示。

图5-2-41

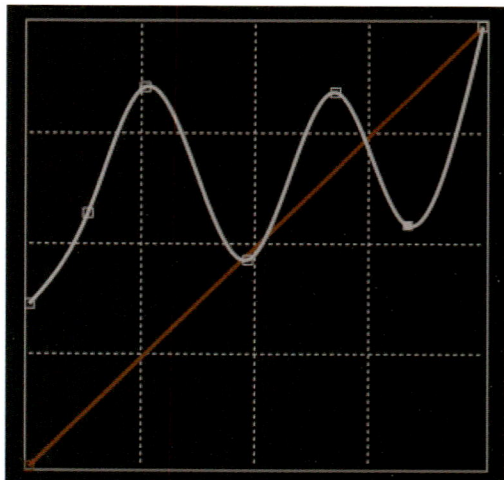

图5-2-42

图 5-2-43

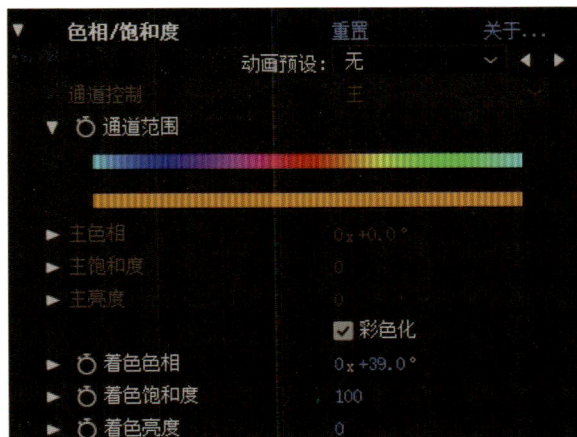

图 5-2-44

（4）选择"图层 2 / 字体"，在效果和预设栏里搜索"色相 / 饱和度"，双击效果赋予选择图层。在效果控件面板中展开"色相 / 饱和度"的属性进行设置，勾选"彩色化"；将"着色色相"设置为 0x+39.0°；"着色饱和度"设置为 100，如图 5-2-44 所示。效果如图 5-2-45 所示。

（5）选择"图层 2 / 字体"，在效果和预设栏里搜索"投影"，双击效果赋予选择图层，无须设置属性。最后效果如图 5-2-46 所示。

图 5-2-45

图 5-2-46

步骤 13：按"Ctrl+Y"新建一个黑色纯色层放在"图层 2"的上面，模式：相加，如图 5-2-47 所示。选择纯色层，在效果和预设栏里搜索"Light Factory"，添加效果，在效果控件面板中展开"Light Factory"属性，单击"选项"，如图 5-2-48。将 Light Source Location（光源位置）设置关键帧，在 0:00:00:00 处设置：-250，486，如图 5-2-49 所示；在 0:00:02:00 处设置：1047，486。

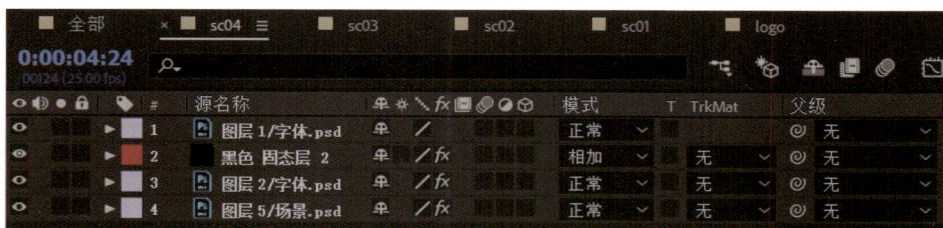

图 5-2-47

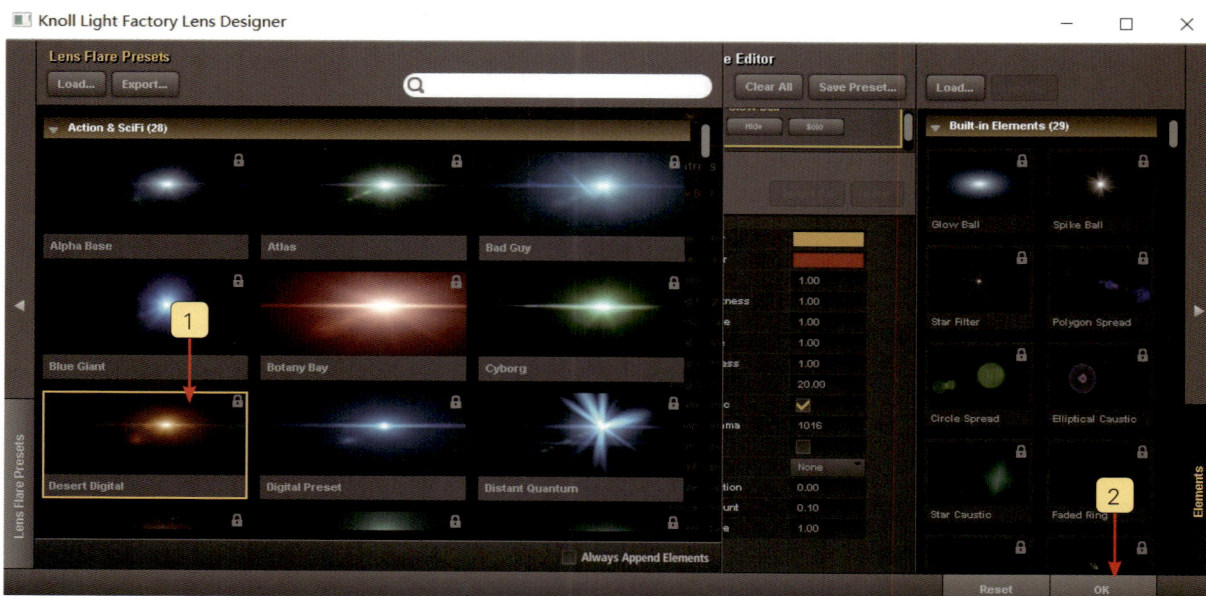

图 5-2-48

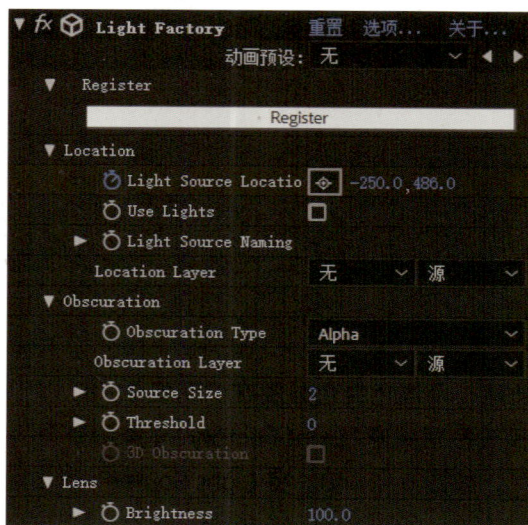

图 5-2-49

步骤 14：选择"图层 1"，按"Ctrl+Shift+C"预合成，命名为"Logo"；选择"Logo"层，在效果和预设栏里搜索"Shine"，添加效果，在效果控件面板中展开"Shine"的属性进行设置，① 将 Source Point（源点）设置关键帧，在 0:00:00:00 处设置：453，443，在 0:00:02:00 处设置：448，128。② Ray Length（光线长度）设置：2.5。③ Boost Light（光线亮度）设置：2.5。④ Shine Opacity（扫光不透明度）设置关键帧，在 0:00:00:00 处设置为 0.0，在 0:00:00:05 处设置为 100，在 0:00:01:18 处设置为 100，在 0:00:02:00 处设置为 0.0，如图 5-2-50 所示。

"sc04"的预览效果如图 5-2-51 所示。

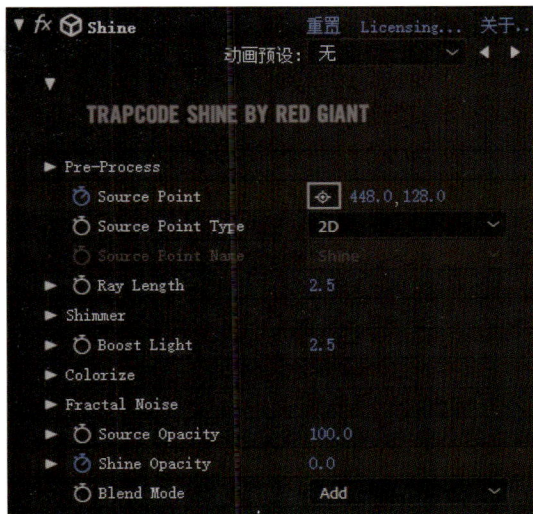

图 5-2-50

图 5-2-51

2.3　渲染输出

最后输出影片。首先设置时间，执行"① 合成 > ② 合成设置"，"持续时间"设置为 10 秒，如图 5-2-52 所示。

按"Ctrl+M"弹出渲染队列面板，设置输出质量和格式，单击面板中"输出模块："后面的蓝色文字，如图 5-2-53 所示。

弹出"输出模块设置"对话框，将格式设置为：QuickTime，"格式选项"视频编解码器：Photo-JPEG；品质：75，如图 5-2-54 所示。

在面板中单击"输出到："后面的蓝色文字，设置视频保存位置，单击"渲染"后开始渲染，如图 5-2-55 所示。

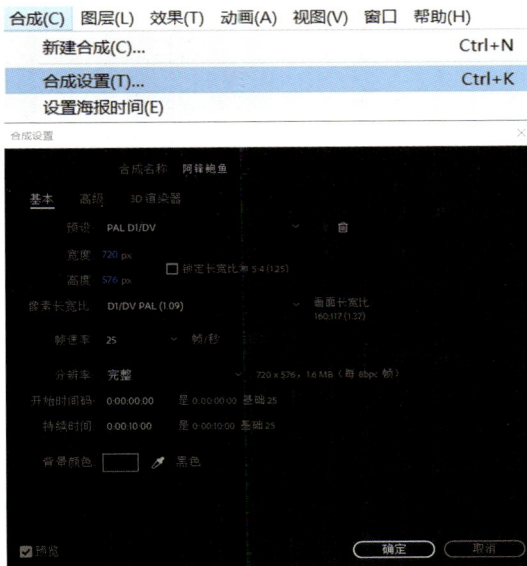

图 5-2-52

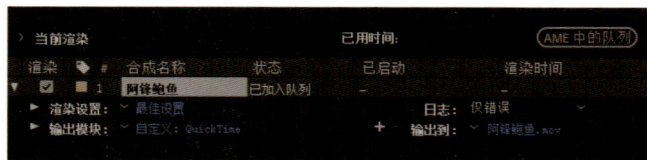

图 5-2-53

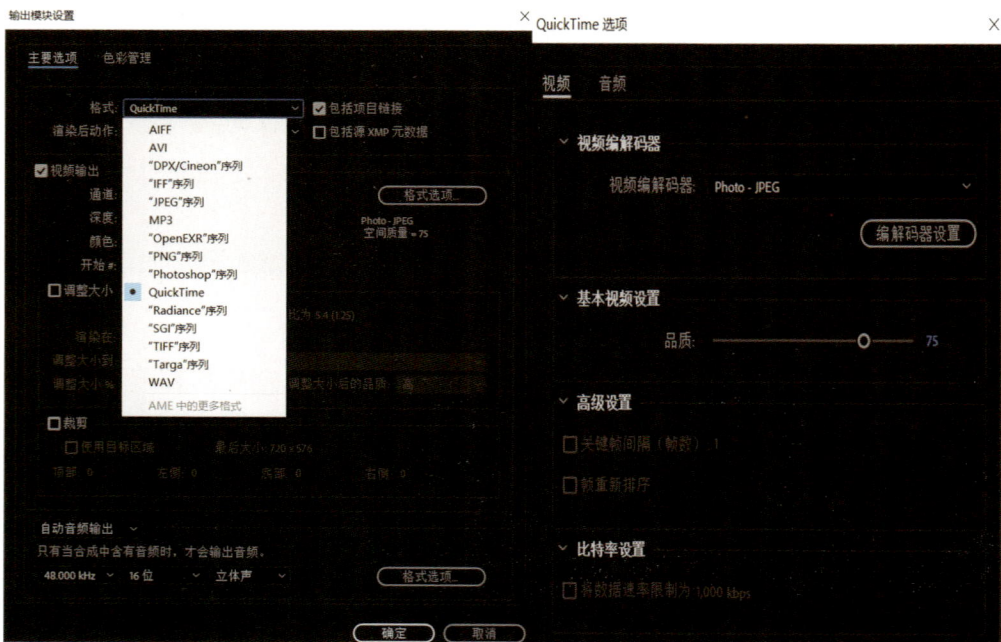

图 5-2-54

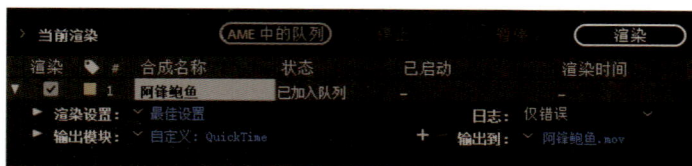

图 5-2-55

思考与练习

通过对本案例的制作，我们应该了解广告的制作方法和步骤，然后尝试创作一个 10 秒的自我介绍短片。

第 6 章　色调调整与抠图

本章要点

本章主要介绍 After Effect CC 2018 中色彩校正特效的应用以及抠像合成的技巧，通过两个实例来阐述实际应用的操作。读者通过本章的学习，可以运用色彩校正的方法对图片及视频色彩进行后期修改，适当的颜色可以营造出独特的氛围和意境；同时，利用键控技术实现动态、静态抠图的效果。

重点知识

★ 色彩校正的应用
★ 键控的使用方法

第 1 节　色彩校正特效

色彩校正是影视动画制作中非常重要的内容，也是后期合成中必不可少的步骤之一。色彩校正是对色彩进行细微的调整，改变图像的色彩和对比度等，如图 6-1-1 所示。

图 6-1-1

不同的色彩会给我们带来不同的心理感受，通过色彩校正，可以快捷地调整图像的整体画面效果。色彩校正滤镜包中提供了很多色彩校正滤镜，本节挑选了 5 个常用滤镜来进行讲解，即"亮度和对比度""更改颜色""色彩平衡""曲线"和"色相/饱和度"，这 5 个滤镜覆盖了色彩校正的大部分需求。

1.1 亮度和对比度

"亮度和对比度"滤镜：是通过修改图像的亮度，通过图像中明暗区域最亮的白和最暗的黑之间不同亮度层级测量的对比度来调整图像。如图6-1-2所示为原图，调整后的效果如图6-1-3所示。

图6-1-2   图6-1-3

步骤1：执行命令"① 合成 > ② 新建合成 > ③ 设置后单击'确定'按钮"，如图6-1-4所示。

步骤2：导入素材文件，将素材拖曳到时间轴面板。

步骤3：在时间轴面板选中素材图层，执行命令"① 效果 > ② 颜色校正 > ③ 亮度和对比度"，如图6-1-5所示；然后在特效面板中设置"① 亮度值为-60 > ② 对比度值为70"，如图6-1-6所示。最终效果如图6-1-3所示。

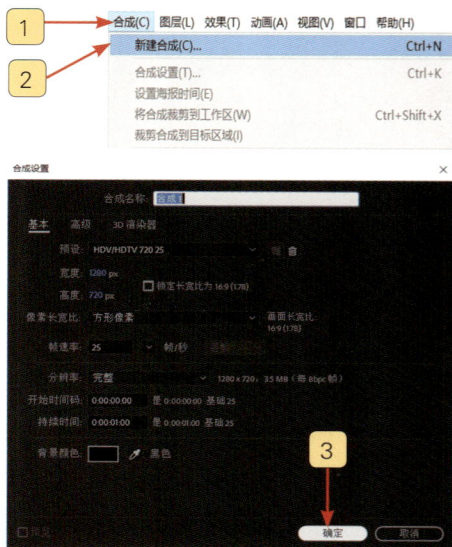 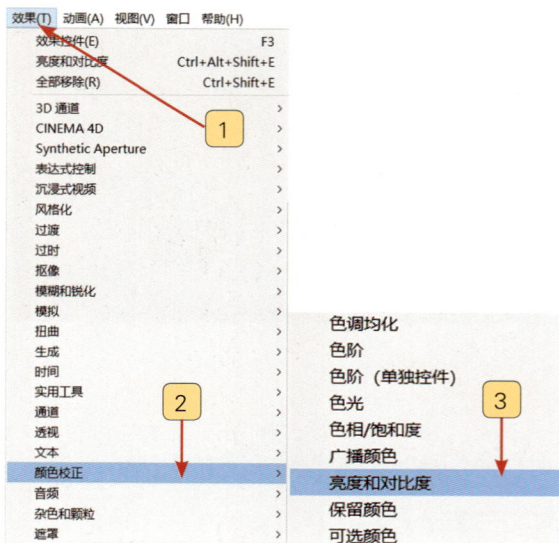

图6-1-4   图6-1-5

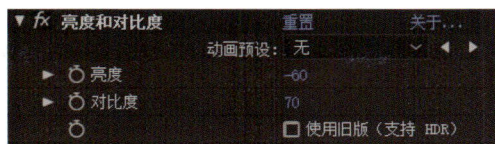

图 6-1-6

1.2 更改颜色 / 更改为颜色

"更改颜色"滤镜：可以改变某个颜色范围内的色调，是通过更改所选颜色的色相来改色，以达到置换颜色的目的。如图 6-1-7 所示为原图，调整后效果如图 6-1-8 所示。

步骤 1：执行命令"① 合成 > ② 新建合成 > ③ 设置后单击'确定'按钮"。

图 6-1-7

图 6-1-8

步骤 2：导入素材文件，将素材拖曳到时间轴面板。

步骤 3：在时间轴面板选中素材图层，执行命令"① 效果 > ② 颜色校正 > ③ 更改颜色"，如图 6-1-9 所示；然后在特效面板中设置"① 将'视图'改为'校正的图层'，便于观察图形中被更改的部分，如图 6-1-10 所示 > ② 单击'要更改颜色'后面的吸管工具，吸取蓝色 > ③ '匹配容差'为 15% > ④ '匹配柔和度'为 20% > ⑤ '色相变换'为 90"，如图 6-1-11 所示。

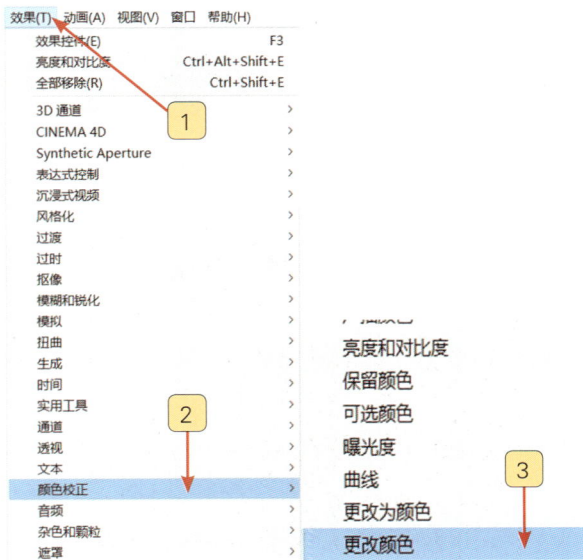

图 6-1-9

图 6-1-10

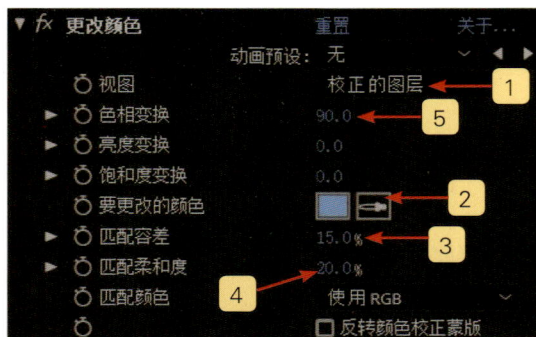

图 6-1-11

　　"更改为颜色"滤镜：也可以将画面中某个特定颜色置换成另一种颜色，而且"更改为颜色"滤镜的可控参数更多，得到的效果更加精确。如图 6-1-12 所示为原图，调整效果如图 6-1-13 所示。

图 6-1-12

图 6-1-13

　　步骤 1：执行命令"① 合成 > ② 新建合成 > ③ 设置后单击'确定'按钮"。
　　步骤 2：导入素材文件，将素材拖曳到时间轴面板。
　　步骤 3：在时间轴面板选中素材图层，执行命令"① 效果 > ② 颜色校正 > ③ 更改为颜色"，如图 6-1-14 所示；然后在特效面板中设置"① 单击'自'后面的吸管工具，吸取需要转换的颜色——蓝色 > ② 单击'至'后面的颜色框，选择需要转换成的颜色 > ③ '色相'为 20% > ④ '亮度'为 5% > ⑤ '饱和度'为 50%"，如图 6-1-15 所示。
　　最终效果如图 6-1-13 所示。

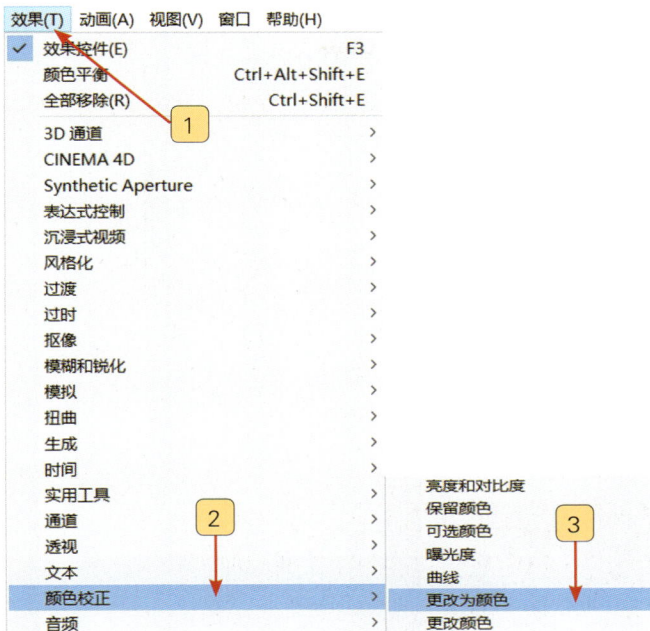

图 6-1-14

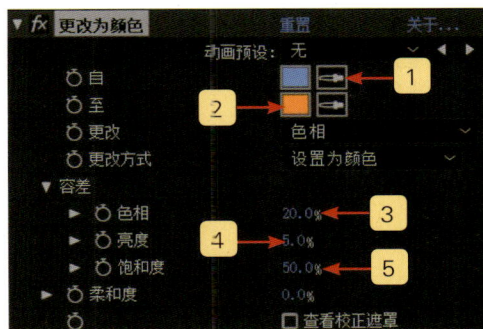

图 6-1-15

1.3 颜色平衡

　　"颜色平衡"滤镜：通过控制红、绿、蓝在中间色、阴影、高光之间的比重来调整图像的色彩，适合于精细地调整图像的高光、暗部和中间色调。如图 6-1-16 所示为原图，调整后效果如图 6-1-17 所示。

图 6-1-16

图 6-1-17

　　步骤 1：执行命令"① 合成 > ② 新建合成 > ③ 设置后单击'确定'按钮"。
　　步骤 2：导入素材文件，将素材拖曳到时间轴面板。

步骤 3：在时间轴面板选中素材图层，执行命令"① 效果 > ② 颜色校正 > ③ 颜色平衡"，如图 6-1-18 所示；然后在特效面板中设置"① 阴影红色平衡为 10 > ② 阴影蓝色平衡为 -10 > ③ 高光红色平衡为 20"，如图 6-1-19 所示。

最终效果如图 6-1-17 所示。

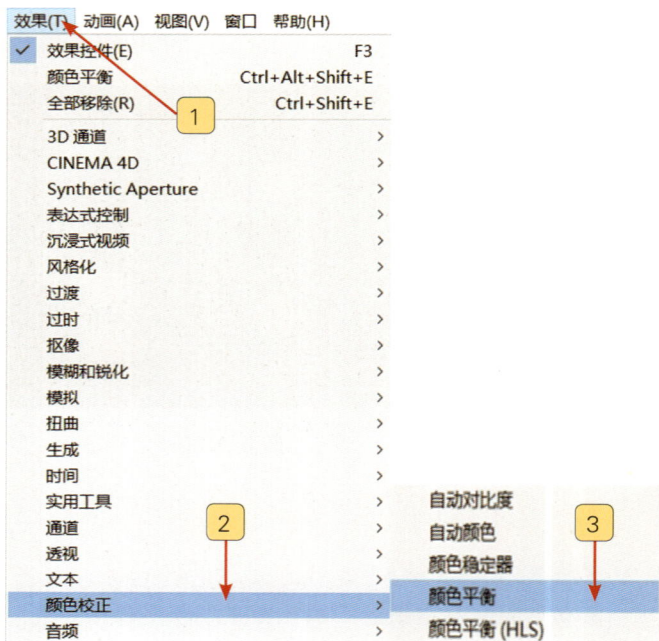

图 6-1-18

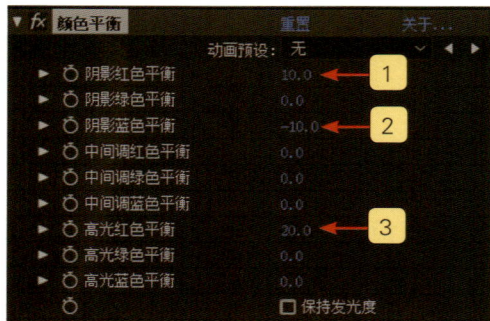

图 6-1-19

1.4 曲线

"曲线"滤镜：可以在一次操作中就精确地完成图像整体或局部的对比度、色调范围以及色彩的调节，在进行色彩校正的处理时，可获得更多的自由度，甚至可以让原本糟糕的镜头重新焕发光彩。如果想让画面更加丰富，明暗反差拉开，"曲线"滤镜是个不错的选择。

"曲线"滤镜属性如图 6-1-20 所示。

曲线左下角端点 A 代表暗调（黑场）中间的过渡，B 代表中间调（灰场），右上角端点 C 代表高光（白场）。图中的水平轴表示输入色阶，垂直轴表示输出色阶。曲线的初始色调范围为 45° 的对角基线，输入色阶和

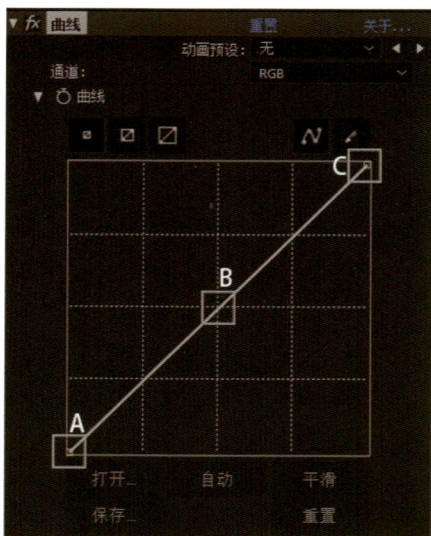

图 6-1-20

输出色阶是相同的。曲线往上移动是加亮，往下移动是减暗，加亮的极限是 225，减暗的极限是 0。

■ ⌀ ⌷ 切换：用来切换操作区域的大小。

⟋ 曲线工具：使用该工具可以在曲线上添加节点，并且可以移动添加的节点。如果要删除节点，只需将选择的节点拖曳出曲线图之外即可。

⟋ 铅笔工具：使用该工具可以在坐标图上任意绘制曲线。

如图 6-1-21 所示为原图，调整效果如图 6-1-22 所示。

图 6-1-21

图 6-1-22

步骤 1：执行命令"① 合成 > ② 新建合成 > ③ 设置后单击'确定'按钮"。

步骤 2：导入素材文件，将素材拖曳到时间轴面板。

步骤 3：在时间轴面板选中素材图层，执行命令"① 效果 > ② 颜色校正 > ③ 曲线"，如图 6-1-23 所示；然后在特效面板中设置如图 6-1-24 所示。

最终效果如图 6-1-22 所示。

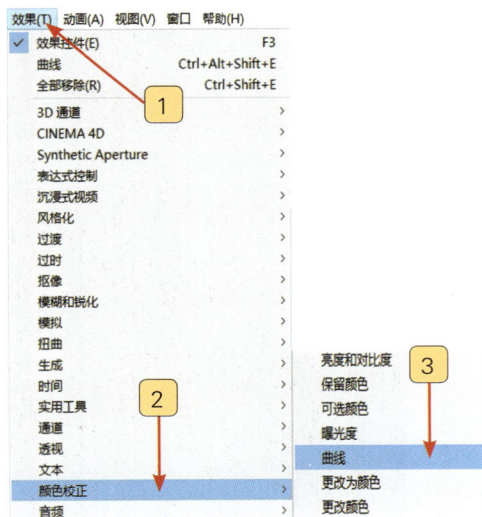

图 6-1-23

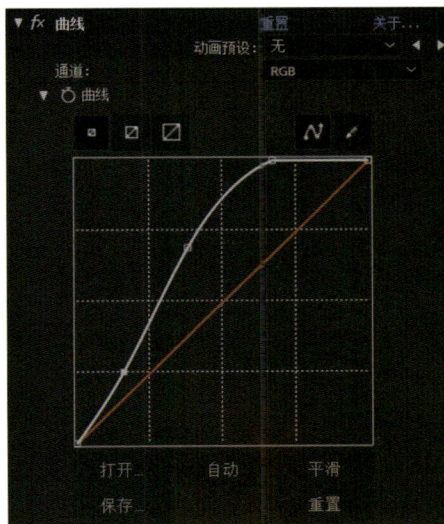

图 6-1-24

1.5 色相／饱和度

"色相／饱和度"滤镜：可以调整图像的色相、亮度和饱和度。具体来说，使用"色相／饱和度"滤镜可以调整图像中单个颜色成分的色相、亮度和饱和度，是一个比较强大的图像颜色调整工具。如图 6-1-25 所示为原图，调整后的效果如图 6-1-26 所示。

图 6-1-25

图 6-1-26

步骤 1：执行命令"① 合成 > ② 新建合成 > ③ 设置后单击'确定'按钮"。

步骤 2：导入素材文件，将素材拖曳到时间轴面板。

步骤 3：在时间轴面板选中素材图层，执行命令"① 效果 > ② 颜色校正 > ③ 色相／饱和度"，如图 6-1-27 所示；然后在特效面板中设置"① 主色相为 0x+2.0° > ② 主饱和度为 70 > ③ 主亮度为 4"，如图 6-1-28 所示。

最终效果如图 6-1-26 所示。

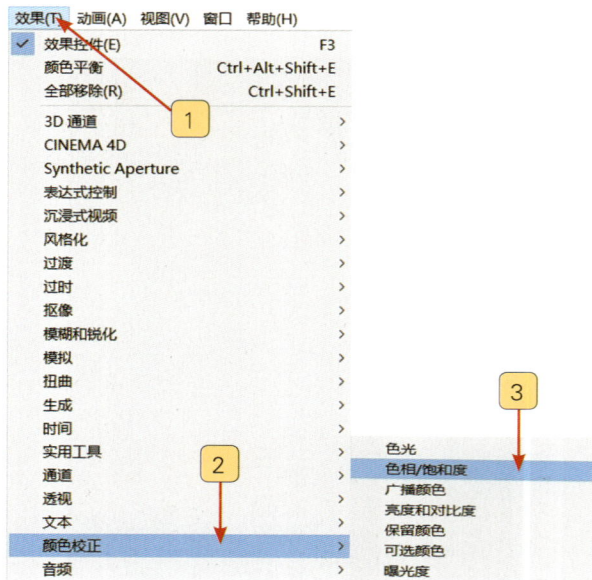

图 6-1-27

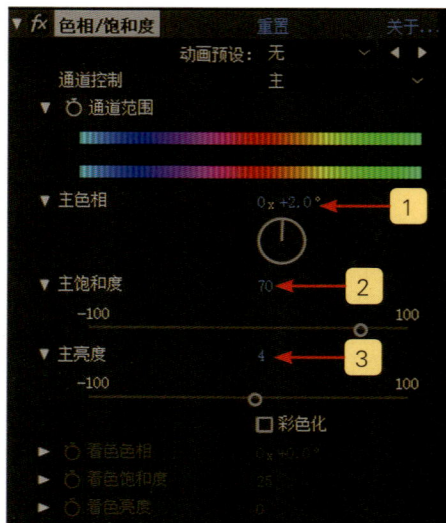

图 6-1-28

第 2 节 抠像合成技巧

2.1 抠像的含义

"抠像"即"键控",这一词从早期电视制作中得来,英文为Key,意思是吸取画面中的某一种颜色,将其从画面中去除,从而留下主体,形成两层画面的叠加合成。一般情况下,在拍摄需要抠图的画面时,都使用蓝色和绿色的幕布作为载体,这是因为人的服饰中含有的蓝色和绿色是最少的。另外,蓝色和绿色是三原色(RGB)中的两个主要颜色,颜色纯正,方便后期处理。

总的来说,抠像的好坏取决于两个方面:一是前期拍摄的源素材,二是后期合成制作中抠像的技术。针对不同的镜头,抠像的方法和结果不尽相同。

在 After Effects 中,所有的抠像滤镜都集中在"① 效果 > ② 抠像"的子菜单中,如图6-2-1所示。

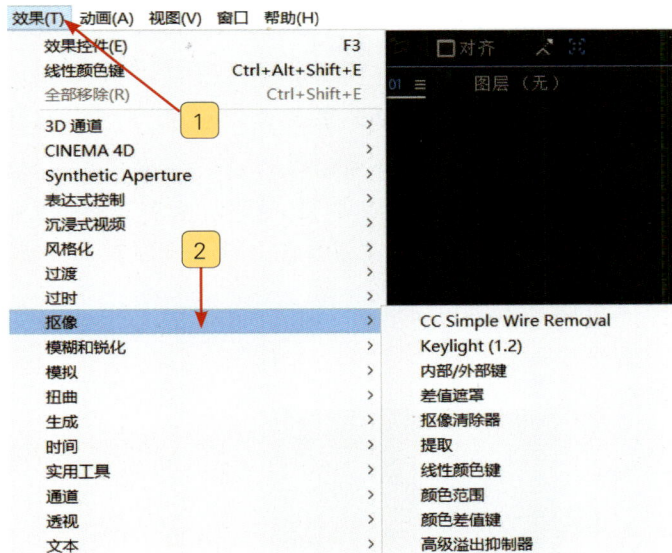

图 6-2-1

2.2 抠像应注意的问题

复杂背景的抠像不过是作为一种自我挑战,实际应用中的抠像主要依靠前期的精心准备。

(1)使用平行光,光线均匀。

(2)演员与蓝绿屏背景至少保持4英尺的距离,避免拾取到背景的反光。

(3)快节奏的动作会让主体边缘抠像变得困难。

(4)使用摄像机上面的大光圈景深来限制。

(5)演员不能穿戴蓝色、绿色的服饰和美瞳。

2.3 线性颜色键

"线性颜色键"滤镜：可以通过指定一种颜色，将图像中处于这个颜色范围内的图像抠出，使其变为透明，如图 6-2-2、图 6-2-3 所示。

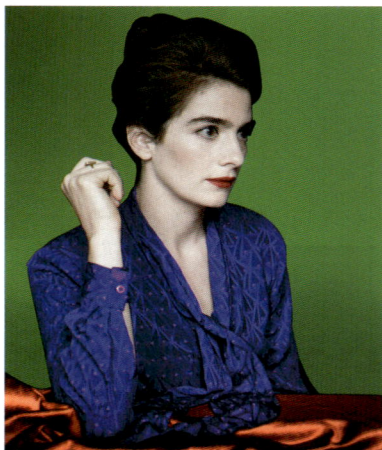
图 6-2-2

图 6-2-3

步骤 1：执行命令"① 合成 > ② 新建合成 > ③ 设置后单击'确定'按钮"。

步骤 2：导入素材文件，将素材拖曳到时间轴面板。

步骤 3：在时间轴面板选中素材图层，执行命令"① 效果 > ② 抠像 > ③ 线性颜色键"，如图 6-2-4 所示；然后在特效面板中展开"线性颜色键"滤镜属性，设置"① 单击'主色'后面的吸管工具，吸取需要抠掉的颜色 > ② '匹配容差'为 10% > ③ '匹配柔和度'为 1%"，如图 6-2-5 所示。

最终效果如图 6-2-3 所示。

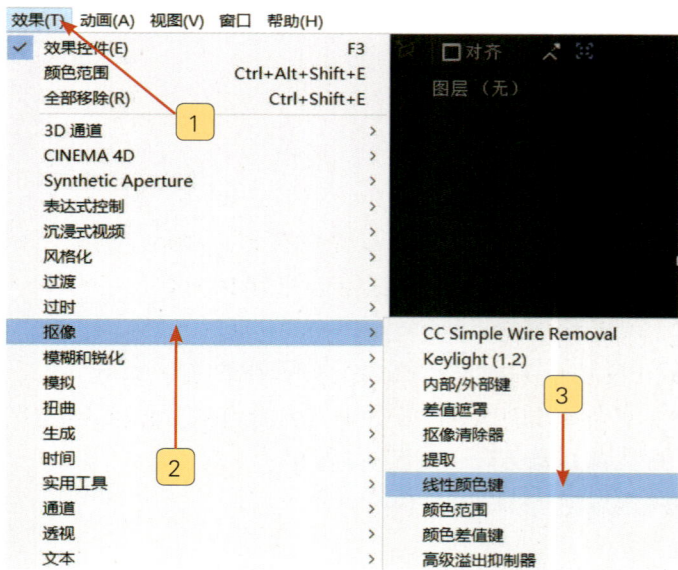
图 6-2-4

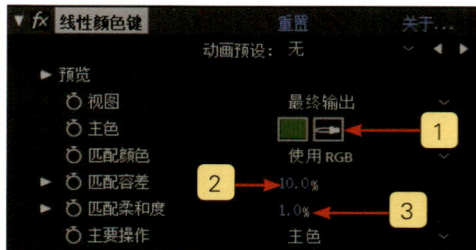
图 6-2-5

注：使用"线性颜色键"滤镜进行抠像只能产生透明和不透明两种效果，所以它只适合抠出背景颜色变化不大、前景完全不需要透明以及边缘比较精确的素材。

对于前景为半透明、背景比较复杂的素材，"线性颜色键"滤镜就无能为力了。

2.4 颜色范围

"颜色范围"滤镜：可以在 Lab、YUV 或 RGB 任意一个颜色空间通过指定的色彩范围来设置抠出的颜色。如果镜头画面由多种颜色构成或者蓝绿屏背景的灯光不够均匀，使用"颜色范围"滤镜将能够轻松地解决抠像问题，如图 6-2-6、图 6-2-7 所示。

图 6-2-6

图 6-2-7

步骤 1：执行命令"① 合成 > ② 新建合成 > ③ 设置后单击'确定'按钮"。

步骤 2：导入素材文件，将素材拖曳到时间轴面板。

步骤 3：执行命令"① 效果 > ② 抠像 > ③ 颜色范围"，如图 6-2-8 所示；然后在特效面板中展开"颜色范围"滤镜属性，① 单击工具，吸取画面中的背景色，效果如图 6-2-9 所示 > ② 接着使用工具继续吸取背景色，效果如图 6-2-10 所示 > ③ 设置模糊为 100，色彩空间为 RGB > ④ 最小值（L，Y，R）为 155，最大值（L，Y，R）为 189，最小值（a，U，G）为 153，最大值（a，U，G）为 214，最小值（b，V，B）为 207，最大值（b，V，B）为 255，如图 6-2-11 所示。

最终效果如图 6-2-7 所示。

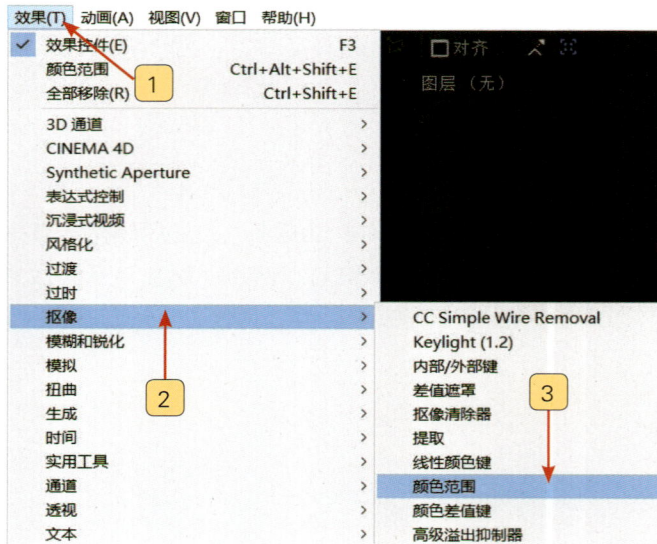

图 6-2-8

图 6-2-9

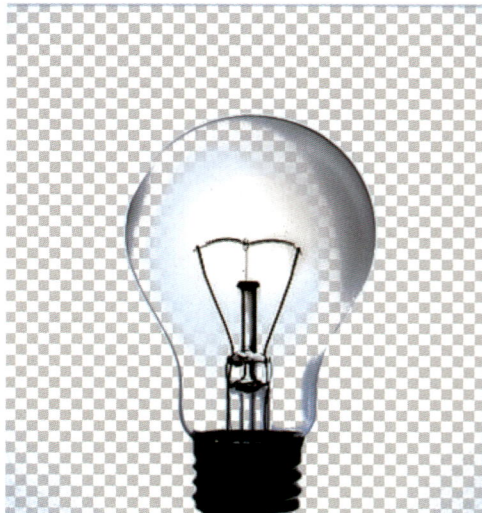

图 6-2-10

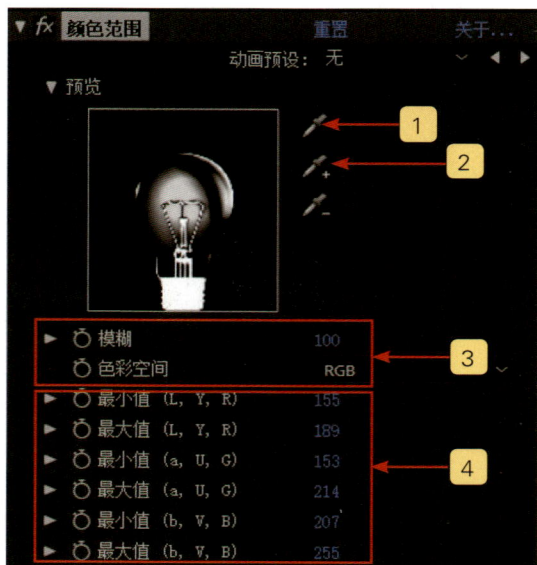

图 6-2-11

2.5 颜色差值键

　　"颜色差值键"滤镜：可以将图像分为 A、B 两个不同起点的蒙版来创建透明度信息。蒙版 B 基于指定的抠出色来创建透明度信息，蒙版 A 基于图像区域中不包含第二种颜色来创建透明度信息，A、B 结合就创建出 Alpha 蒙版。通过这种方法，"颜色差值键"滤镜可以创建出精细的透明度信息，尤其适合抠取具有透明和半透明区域的图像，如云、烟、雾和阴影等，如图 6-2-12、图 6-2-13 所示。

图 6-2-12　　　　　　　　　　　　　　　　　图 6-2-13

步骤 1：执行命令"① 合成 > ② 新建合成 > ③ 设置后单击'确定'按钮"。

步骤 2：导入素材文件，将素材拖曳到时间轴面板。

步骤 3：执行命令"① 效果 > ② 抠像 > ③ 颜色差值键"，如图 6-2-14 所示；然后在特效面板中展开"颜色差值键"滤镜属性，① 单击"主色"后面的吸管工具，吸取背景色 > ② 设置"黑色遮罩"为 60，"白色遮罩"为 211，"遮罩灰度系数"为 0.5，如图 6-2-15 所示。

最终效果如图 6-2-13 所示。

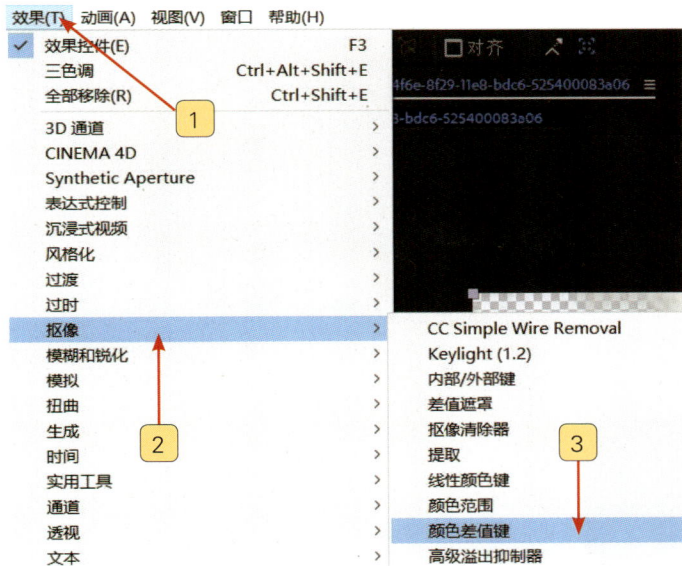

图 6-2-14

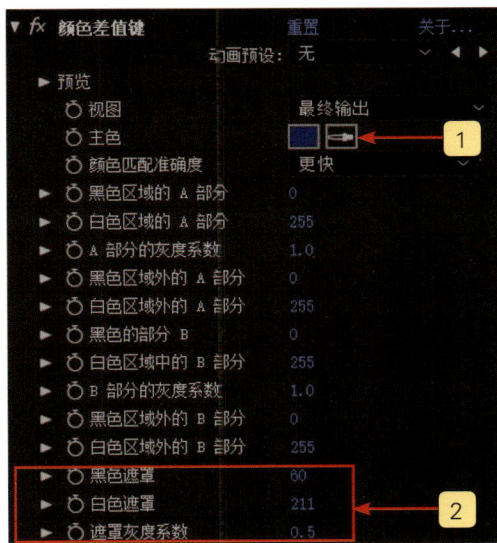

图 6-2-15

2.6 内部/外部键

"内部/外部键"滤镜：特别适合用于抠取毛发。使用该滤镜时需要绘制两个蒙版，一个用来定义抠出范围的内边缘，另一个用来定义抠出范围之外的边缘。"内部/外部键"滤镜会根据这两个蒙版的像素差异来定义抠出边缘并进行抠像，如图 6-2-16 所示。

图 6-2-16

步骤 1：执行命令"① 合成 > ② 新建合成 > ③ 设置后单击'确定'按钮"。

步骤 2：导入素材文件，将素材拖曳到时间轴面板。

步骤 3：选择素材图层，使用钢笔工具 沿着松鼠的边缘内部绘制蒙版，如图 6-2-17 所示；然后再使用钢笔工具 沿着松鼠的边缘外部绘制蒙版，如图 6-2-18 所示。

步骤 4：执行命令"① 效果 > ② 抠像 > ③ 内部 / 外部键"，如图 6-2-19 所示。

最终效果如图 6-2-20 所示。

图 6-2-17

图 6-2-18

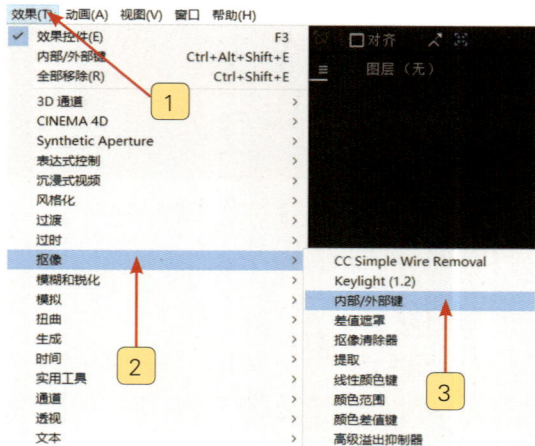

图 6-2-19

图 6-2-20

2.7 Keylight

"Keylight"是一个屡获殊荣并经过产品验证的蓝绿屏幕键控插件，是当经获得过学院奖的键控工具之一。

使用"Keylight"滤镜可以轻松地抠取带有阴影、半透明或毛发的素材，并且还有 Supill Suppression（溢出控制）功能，可以清除键控蒙版边缘的溢出颜色，这样就可以使前景和背景更加自然地融合在一起，如图 6-2-21 所示。

图 6-2-21

执行命令"① 效果 > ② 抠像 > ③ Keylight"，在特效面板中展开"Keylight"滤镜的属性，如图 6-2-22 所示。

（1）View（视图）：用来设置查看最终效果的方式，在其下拉列表中提供了 11 种查看方式，如图 6-2-23 所示。下面将介绍 View（视图）方式中几个最常用的选项。

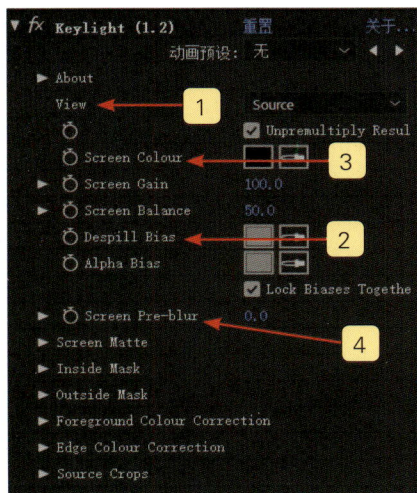

图 6-2-22

图 6-2-23

Screen Matte（屏幕蒙版）：在设置 Clip Black（调整黑色调）和 Clip White（调整白色调）时，可以将 View（视图）方式设置为 Screen Matte（屏幕蒙版），这样可以将屏幕中本来应该是完全透明的地方调整为黑色，将完全不透明的地方调整为白色，将半透明的地方调整为合适的灰色。

Status（状态）：将蒙版效果进行夸张、放大渲染，这样即便是很细小的问题在屏幕中也将被放大显示出来。在 Status（状态）视图中显示黑、白、灰 3 种颜色，黑色区域在最终效果中处于完全透明状态，也就是颜色被完全抠出的区域，这个区域可以使用其他背景来代替；白色区域最终显示为前景画面，这个区域的颜色将完全保留下来；灰色区域表示颜色没有被完全抠出，显示的是前景和背景叠加的效果，在画面前景的边缘需要保留灰色像素来达到一种完美的前景边缘过渡与处理的效果。

Final Result（最终结果）：显示当前抠像的最终结果。

（2）Despill Bias（反溢出偏差）：在设置 Screen Colour（屏幕颜色）时，虽然 Keylight 滤镜会自动抑制前景的边缘溢出色，但在前景的边缘处往往还是会残留一些抠出色，该选项就是用来控制残留的抠出色。

注：一般情况下，Despill Bias（反溢出偏差）参数和 Alpha Bias（Alpha 偏差）参数是关联在一起的，调节其中任何一个参数，另一个参数也会跟着发生相应的改变。

（3）Screen Colour（屏幕色）：用来设置需要被抠出的屏幕颜色，可以使用该属性后面的吸管工具在合成面板中吸取相应的屏幕颜色，这样就会自动创建一个 Screen Matte（屏幕蒙版），并且这个蒙版会自动抑制蒙版边缘溢出的抠出颜色。

（4）Screen Pre-blur（屏幕预模糊）：使抠像边缘模糊平滑，可以在 View（视图）中切换 Screen Matte 合成蒙版里看效果。

步骤 1：执行命令"① 合成 > ② 新建合成 > ③ 设置后单击'确定'按钮"。

步骤 2：导入素材文件，将素材拖曳到时间轴面板。

步骤 3：执行命令"① 效果 > ② 抠像 > ③ Keylight"，如图 6-2-24 所示；然后在特效面板中展开 Keylight 滤镜属性，① 选择吸管工具，吸取图片中的背景颜色——绿色；将 Screen Gain（屏幕增益）设置为 98，Screen Balance（屏幕平衡）设置为 57 > ② 在 View（视图）中选择 Screen Matte（屏幕蒙版），效果如图 6-2-25 所示 > ③ 将 Screen Matte 下面的 Clip Black（调整黑色调）设置为 20，Clip White（调整白色调）设置为 60，Screen Softness（屏幕软化）设置为 0.1，如图 6-2-26 所示。

效果如图 6-2-27 所示。加入背景图片，效果如图 6-2-28 所示。

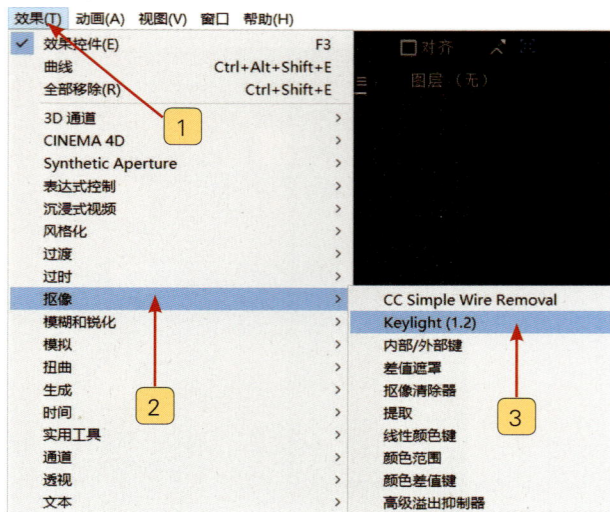

图 6-2-24

图 6-2-25

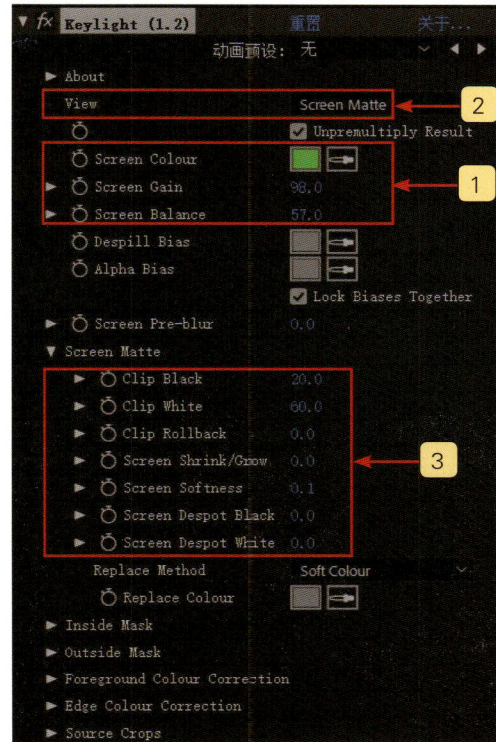

图 6-2-26

图 6-2-27

图 6-2-28

第 3 节　图像校色实例

在影视后期合成中，可能因为拍摄素材时天气或拍摄条件的限制，我们所得到的素材的体积感、光效感和色彩效果不能达到我们的要求，因此我们需要对不符合要求的素材进行色彩校正，以实现拍摄所不能达到的体积感、光效感及色彩效果。在本实例中，综合运用了"曲线""色相/饱和度"和"颜色平衡"滤镜，如图 6-3-1 所示为原图，校色处理后效果如图 6-3-2 所示。

　　　　图 6-3-1　　　　　　　　　　　　　　　　　图 6-3-2

步骤 1：执行命令"① 合成 > ② 新建合成 > ③ 设置后单击'确定'按钮"。

步骤 2：双击项目面板，导入色彩校正素材，将素材拖曳到时间轴面板，如图 6-3-3 所示。

图 6-3-3

步骤 3：在时间轴面板中选择素材图层，执行命令"① 效果 > ② 颜色校正 > ③ 曲线"，然后在特效面板中设置曲线的形状，如图 6-3-4 所示。

步骤 4：在时间轴面板中选择素材图层，执行命令"① 效果 > ② 颜色校正 > ③ 色相 / 饱和度"，然后在特效面板中设置主色相为 0x+1.0°，主饱和度为 20，如图 6-3-5 所示。

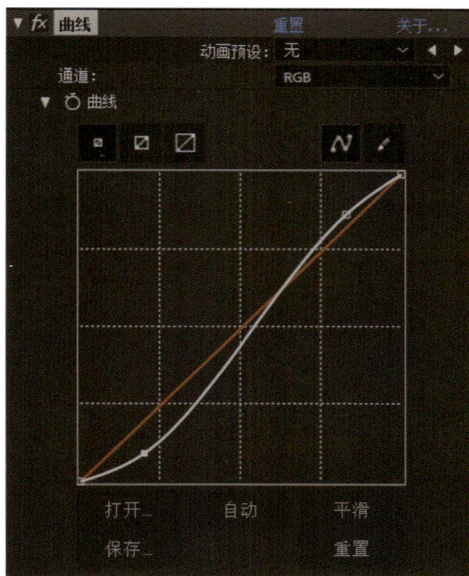

图 6-3-4

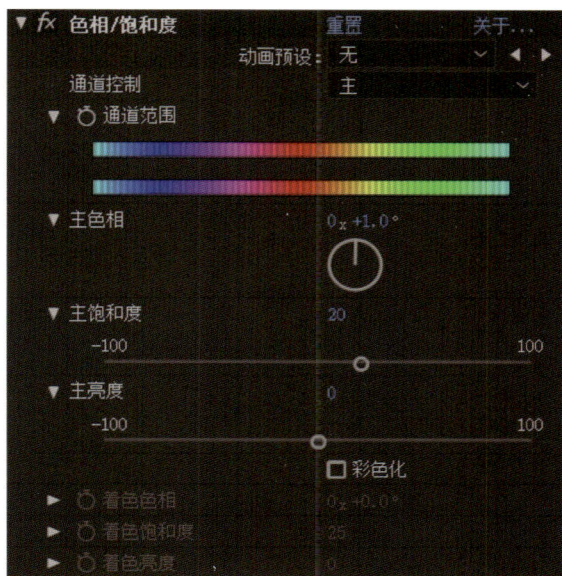

图 6-3-5

步骤 5：在时间轴面板中选择素材，执行命令"① 效果 > ② 颜色校正 > ③ 色彩平衡"，然后在特效面板中设置"① 阴影红色平衡：30 > ② 阴影蓝色平衡：5 > ③ 中间调红色平衡：5 > ④ 高光红色平衡：5 > ⑤ 高光蓝色平衡：10"，如图 6-3-6 所示。效果如图 6-3-7 所示。

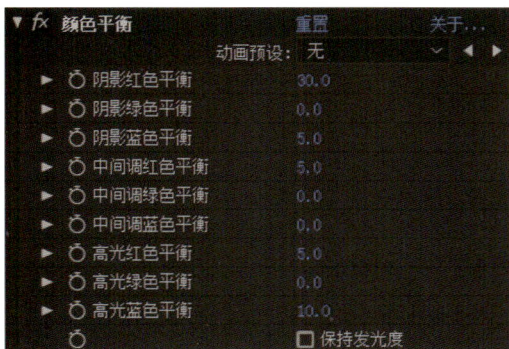

图 6-3-6

图 6-3-7

步骤6：在时间轴面板中选择素材图层，按快捷键"Ctrl+C"复制素材，按快捷键"Ctrl+V"粘贴素材；选择复制的素材图层，将模式改为"叠加"，如图6-3-8所示。

步骤7：在时间轴面板中选择复制的素材图层，按"T"键打开（不透明度）属性，设置值为30%，如图6-3-9所示。效果如图6-3-10所示。

步骤8：在时间轴面板中单击鼠标右键，执行命令"① 新建 > ② 纯色"，如图6-3-11所示。

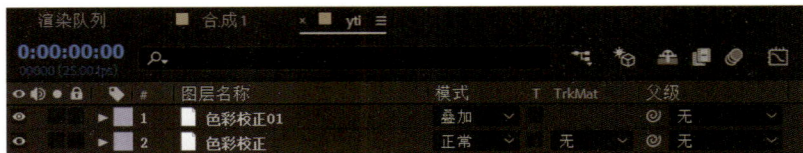

图 6-3-8

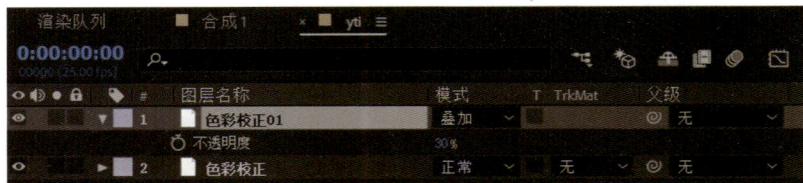

图 6-3-9

图 6-3-10

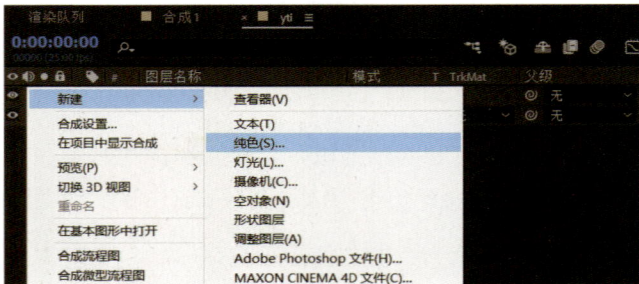

图 6-3-11

图 6-3-12

步骤9：在时间轴面板选择纯色层，在工具栏中单击钢笔工具按钮，然后绘制蒙版，如图6-3-12所示。

步骤10：选择蒙版，设置"① 蒙版1：反转 > ② 蒙版羽化：50，50像素 > ③ 蒙版扩展：40像素 > ④ 不透明度：50%"，如图6-3-13所示。

最终效果如图6-3-2所示。

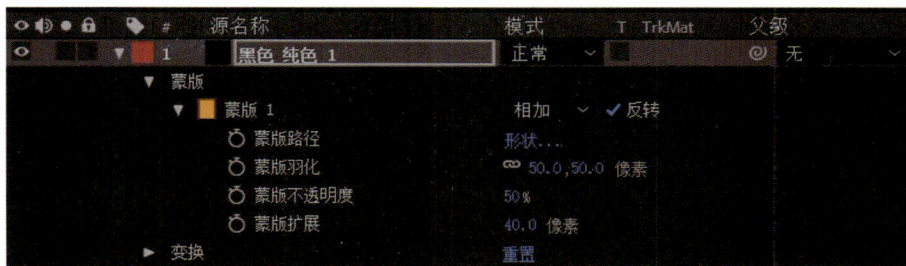

图 6-3-13

第 4 节　人物抠像实例

步骤 1：打开 After Effects CC 2018，双击项目面板，导入人物抠像素材文件，如图 6-4-1 所示。

图 6-4-1

步骤 2：将素材拖曳到时间轴面板，如图 6-4-2 所示。

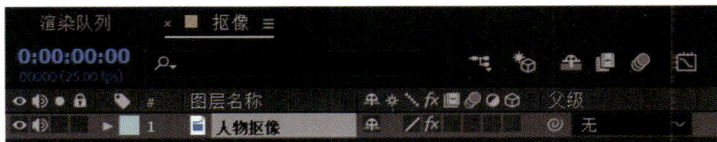

图 6-4-2

步骤 3：选择视频图层，执行命令"① 效果 > ② 抠像 > ③ 颜色范围"，在特效面板中展开颜色范围属性，设置色彩空间为 YUV（亮度和色差信号），然后用吸管工具将背景吸取出来，如图 6-4-3 所示。

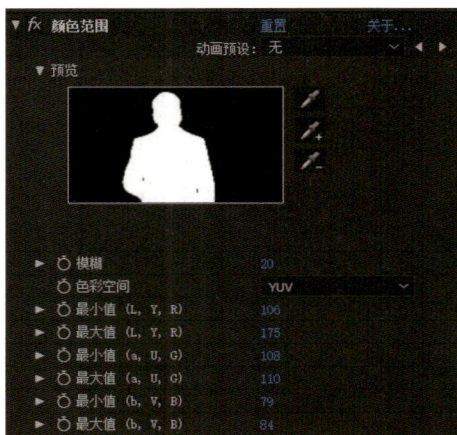

图 6-4-3

步骤 4：由于我们进行的是视频抠像，所以我们不能只观察一个地方，而是需要慢慢滑动时间线观察，将有瑕疵的地方进行修改，如图 6-4-4 所示。

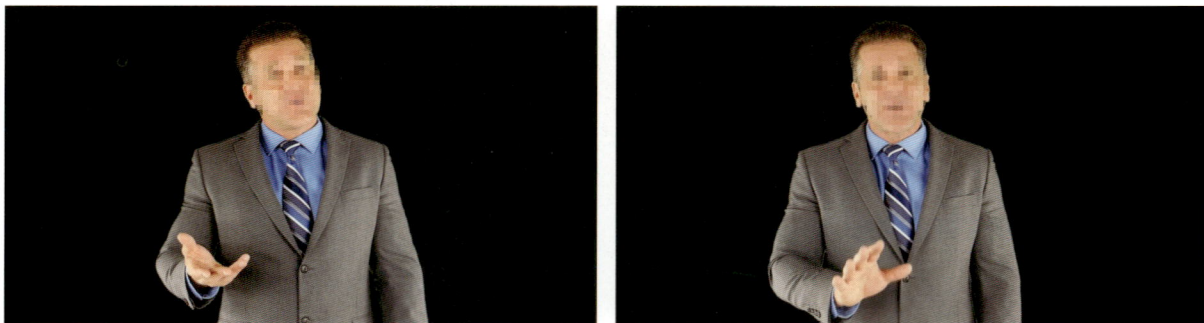

图 6-4-4

步骤 5：选择视频图层，执行命令"① 效果 > ② 抠像 > ③ 高级溢出抑制器"，设置抑制为 90%，如图 6-4-5 所示。

步骤 6：选择视频图层，执行命令"① 效果 > ② 颜色校正 > ③ 亮度和对比度"，设置对比度为 70，如图 6-4-6 所示。

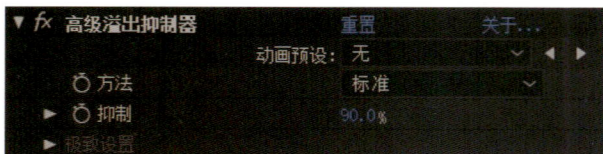

图 6-4-5

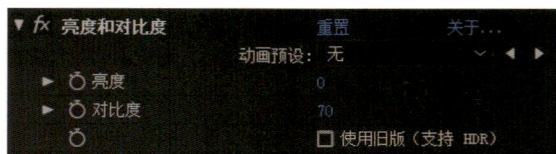

图 6-4-6

步骤 7：添加背景素材放到抠像图层的下面，预览效果如图 6-4-7 所示。

图 6-4-7

思考与练习

拍摄或收集一个实物小短片，导入 After Effects CC 2018 中，试着将物体抠像并进行校色。

第7章 渲染与输出

本章要点

制作完成的影片，为了便于观众观看，我们要对影片进行渲染输出。本章主要讲解 After Effects 中的渲染菜单，目的是学习与掌握渲染输出的基本流程和方法，通过对渲染面板、视频格式、视频质量等的学习使读者掌握视频渲染技巧。

重点知识

- ★ 渲染面板
- ★ 输出设置
- ★ 渲染单帧

首先我们需要知道，渲染并不是最后的工序，在制作过程中有时我们需要进行各种渲染测试，评价合成的优劣，然后进行返工修改，直至最终满意。

进行最后渲染输出时，有的还需要对一些嵌套合成预先进行渲染，然后将渲染的影片导入合成项目中，再进行其他的合成操作，以提高 After Effects 的工作效率；而有的只需要渲染动画中的一个单帧。由于渲染的这些需要，在 After Effects 的渲染设置中提供了许多种选择，以满足不同的渲染要求，如图 7-0-1 所示。

图 7-0-1

第 1 节　渲染面板

1.1 渲染

在 After Effects 中可以将合成项目渲染输出为视频文件、音频文件或序列图等。输出方式有两种：一种是通过执行命令"文件 > 导出"直接输出单个的合成项目；另一种是执行命令"合成 > 添加到渲染队列"，将一个或多个合成项目添加到"渲染队列"中，逐一批量输出。

其中，通过执行命令"文件 > 导出"输出时，可选格式和解码较少；而通过执行命令"合成 > 添加到渲染队列"输出，可进行非常高级的专业控制，并且这种方式有着最为广泛的格式和解码支持，因此掌握了该方法，也就自然掌握了"文件 > 导出"的输出方法。

1.2 渲染面板

在菜单栏中执行命令"合成 > 添加到渲染队列"，可以将我们所有要输出的合成添加到渲染队列中，也就是打开所说的渲染面板，如图 7-1-1 所示。

此时在时间轴面板会弹出渲染面板，如图 7-1-2 所示。

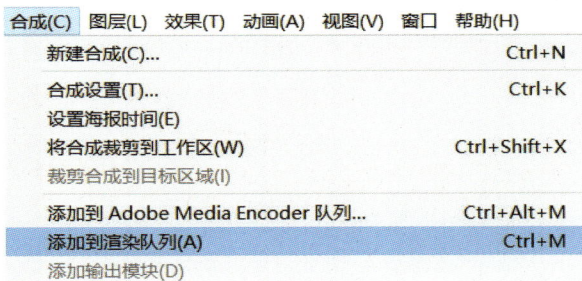

图 7-1-1

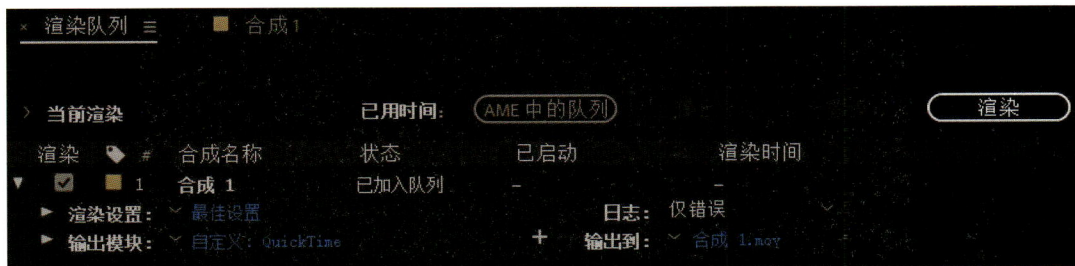

图 7-1-2

第 2 节　输出设置

在输出动画时需设置动画质量的好坏与画面大小，单击"渲染设置"中的蓝色字体，如图 7-2-1
所示。

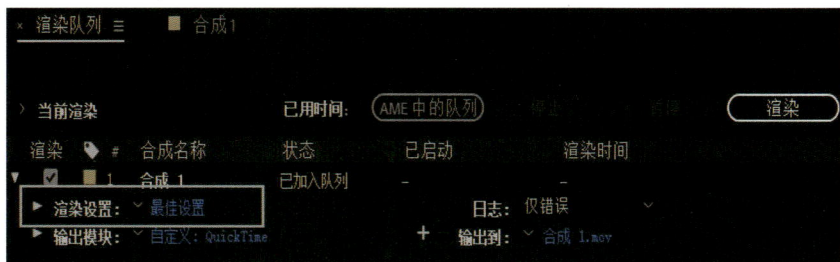

图 7-2-1

此时弹出"渲染设置"对话框，如图 7-2-2 所示。

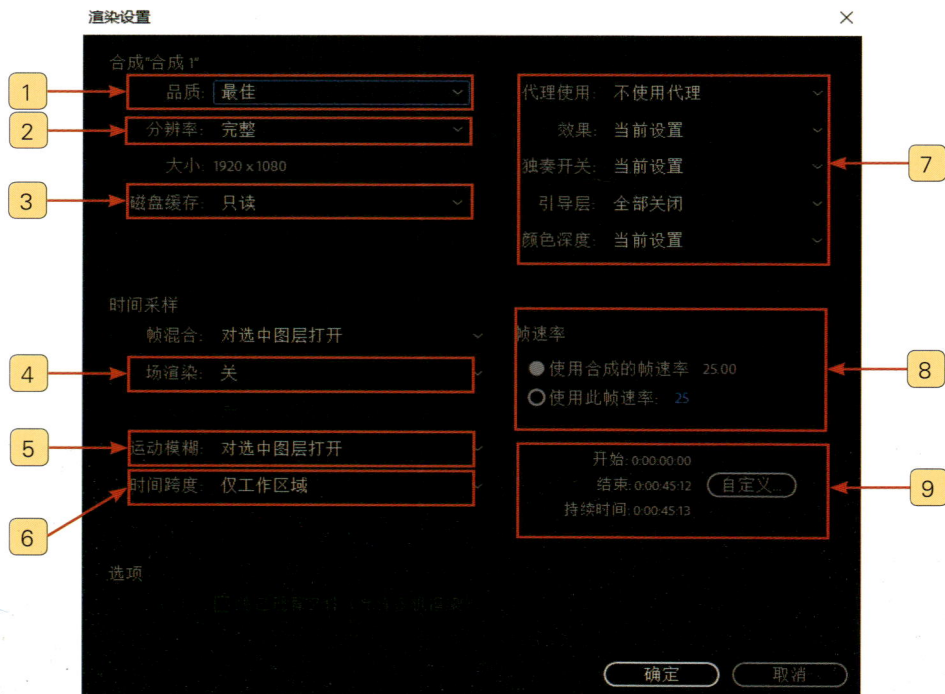

图 7-2-2

（1）品质：渲染的质量，默认为"最佳"，其列表中还有"草图""线框"和"当前设置"3 种选项。

（2）分辨率：默认为"完整"，即当前合成大小，其列表中还有"二分之一""三分之一""四分之一"和"自定义"。

（3）磁盘缓存：默认为"只读"。

（4）场渲染：是否带场渲染，根据最终播放的设备进行选择。

（5）运动模糊：对运动模糊的计算。

（6）时间跨度：选择输出范围，默认为"仅工作区域"，其列表中还有"合成长度"和"自定义"。

（7）代理使用 / 效果 / 独奏开关 / 引导层 / 颜色深度：一般情况下不需要对这些参数进行调整。

（8）帧速率：可选择"使用合成的帧速率"或自定义。

（9）在这里可以对开始和结束的时间进行设定。

单击渲染面板中的"输出模块"中的蓝色文字，如图 7-2-3 所示。弹出"输出模块设置"对话框，如图 7-2-4 所示。

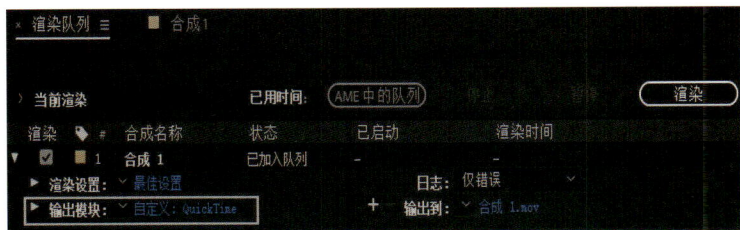

图 7-2-3

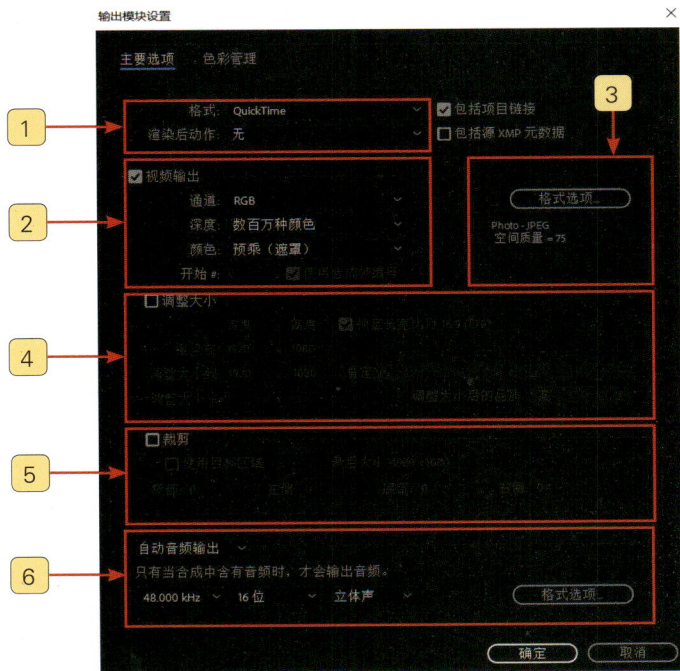

图 7-2-4

（1）格式：默认为 AVI 格式，其列表中还有 AIFF、"JPEG"序列、QuickTime 等，另外还支持音频格式的输出，如 MP3、WAV 格式等。

渲染后动作：渲染完成后的操作。

（2）视频输出：选择动画的输出通道，一般为 RGB 就可以了；如果需要将画面输出到其他软件进行再次编辑，那么就选择 RGB+Alpha 模式，从而让动画包含透明通道。

（3）格式选项：可以对格式进行设置。如果输出格式为 AVI，那么单击视频解码器就可以对 AVI 的压缩器进行选择，默认为无压缩。

（4）调整大小：是否对画面进行大小调整。

（5）裁剪：是否对画面进行剪切。

（6）自动音频输出：是否输出声音，以及对声音的一些设置。

注：AVI 格式是一种无损压缩算法，不会破坏画面的质量。但它有一个缺点，就是生成的视频文件非常大，会占用大量的磁盘空间，而且压缩标准不统一，经常会遇到 Windows 媒体播放不了的情况，一般不选用该格式。

通常选用 MOV 格式，MOV 格式默认的播放器是苹果 QuickTime Player，具有较高的压缩比率和较完美的视频清晰度。MOV 格式的最大特点是跨平台性，既能支持 Mac OS，又能支持 Windows 系列。

例如：① 选择 QuickTime 输出格式。② 点击"格式选项"。③ 视频编解码器选择 Photo-JPEG。④ "品质"一般为 75，可根据自己对视频品质的需求进行更改，如图 7-2-5、图 7-2-6 所示。

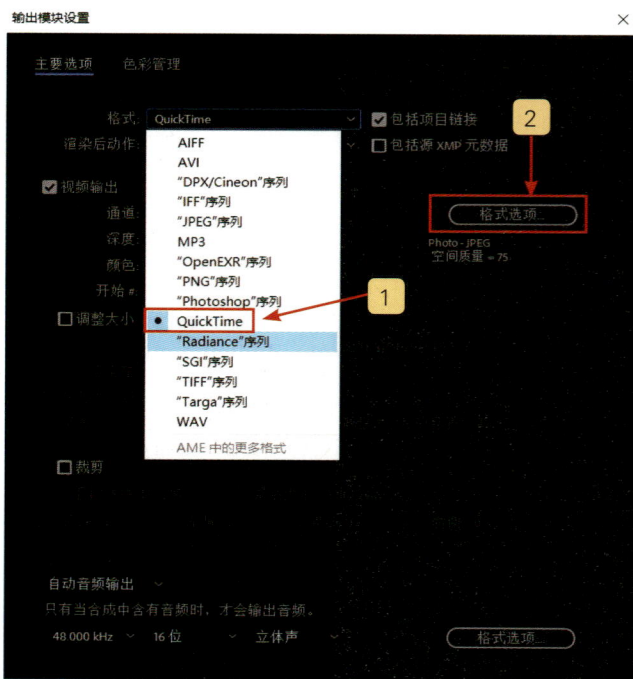

图 7-2-5

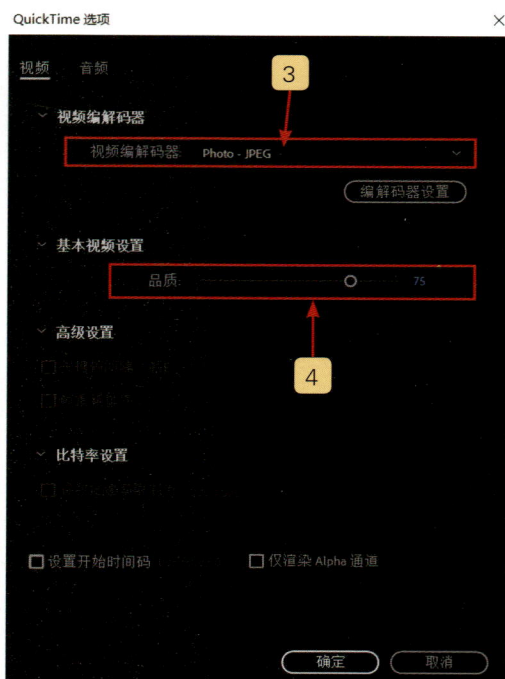

图 7-2-6

第 3 节　渲染单帧

有时我们需要对画面的某一帧进行输出，便于在 Photoshop 等软件中进行修改，然后再做其他用处。After Effects CC 2018 支持的输出格式很多，如 PSD、JPEG、TGA、TIFF 等图片格式。

执行命令"① 合成 > ② 帧另存为 > ③ 文件 > ④ 在弹出的渲染面板中单击'输出到'的蓝色文字 > ⑤ 选择文件的保存位置，单击'保存（S）'后回到渲染面板，然后单击'渲染'"，如图 7-3-1 至图 7-3-3 所示。

注：常用的图像格式为 JPEG，它可以用最少的磁盘空间得到较好的图像质量。在一些特殊情况下，如需要使用通道时，我们选择 Targa 格式。Targa 是一种图形、图像数据的通用格式，渲染出来的图片是带 Alpha 通道的，是计算机生成图像向电视转换的首选格式。

图 7-3-1

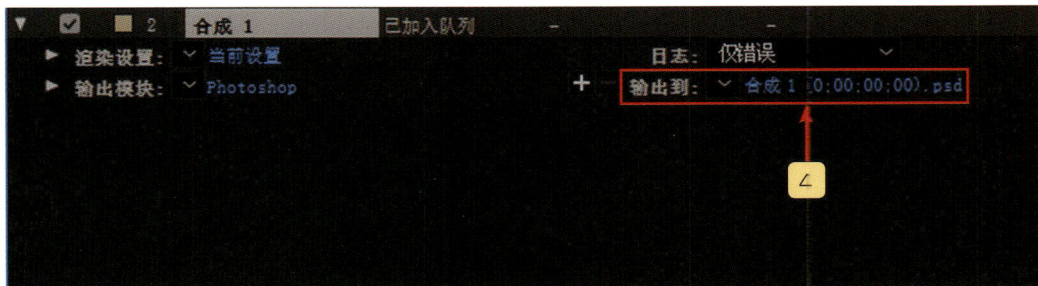

图 7-3-2

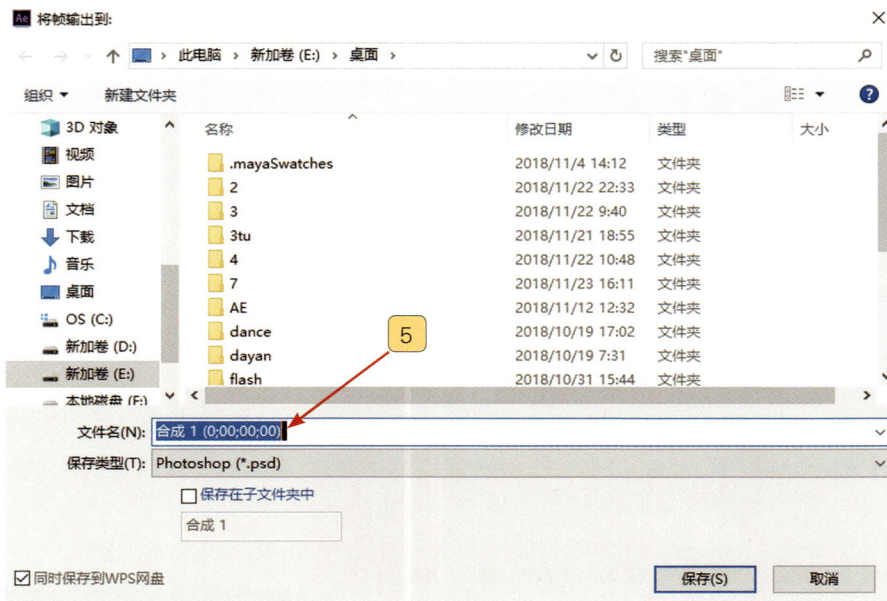

图 7-3-3

《思考与练习》

拍摄一个 1 ～ 3 分钟的小短片，导入 After Effects CC 2018 中进行校色并渲染输出。

第8章　常用外置插件的使用

本章要点

本章主要介绍 After Effects CC 2018 中常用的光效插件的应用，光常用来表达传递、连接、速度、激情、时间、（光）空间和科技等概念。本章将通过三个实例分别介绍常月的光效插件，运用光效表达不同的概念，以及烘托镜头的氛围、丰富画面细节等。

重点知识

★ Light Factory 的运用
★ Shine 的运用
★ Starglow 的运用

第 1 节　Light Factory（光工厂）插件

Light Factory（光工厂）滤镜是一款功能非常强大的灯光特效制作滤镜各种常见的镜头耀斑、晕光、炫光、日光、舞台光和线条光等都可以使用 Light Factory（光工厂）滤镜来制作，应用效果对比如图 8-1-1 所示。

图 8-1-1

执行命令"① 效果 > ② Knoll Light Factory > ③ Light Factory"，如图 8-1-2 所示。在特效面板中展开 Light Factory（光工厂）滤镜属性，如图 8-1-3 所示。

Light Factory（光工厂）滤镜的参数介绍如下。

（1）Register（注册）：用来注册插件。

（2）Location（位置）：用来设置灯光的位置。

Light Source Location（光源的位置）：用来设置光源的位置。

Use Lights（使用灯光）：勾选该选项后，将会启用合成中的灯光进行照射或发光。

Light Source Naming（灯光的名称）：用来指定合成中参与照射的灯光，如图8-1-4所示。

Location Layer（发光层）：用来指定某一个图层发光。

（3）Obscuration（屏蔽设置）：如果光源是从某个物体后面发射出来的,则该选项很有用。

Obscuration Type（屏蔽类型）：在下拉列表中可以选择不同的屏蔽类型。

Obscuration Layer（屏蔽层）：用来指定屏蔽的层。

Source Size（光源大小）：可设置光源的大小变化。

Threshold（阈值）：用来设置光源的容差值。值越小，光的颜色越接近于屏蔽层的颜色；值越大，光的颜色就越接近于发光自身初始颜色。

（4）Lens（镜头）：设置镜头的相关属性。

Brightness（亮度）：用来设置灯光的亮度值。

Use Light Intensity（灯光强度）：使用合成中灯光的强度来控制灯光的亮度。

Scale（大小）：可以设置光源大小的变化。

Color（颜色）：用来设置光源的颜色。

Angle（角度）：设置灯光照射的角度。

（5）Behavior（行为）：用来设置灯光的行为方式。

Edge Reaction（边缘控制）：用来设置边缘的属性。

Rendering（渲染）：用来设置是否将合成背景中的黑色透明化。

图 8-1-2

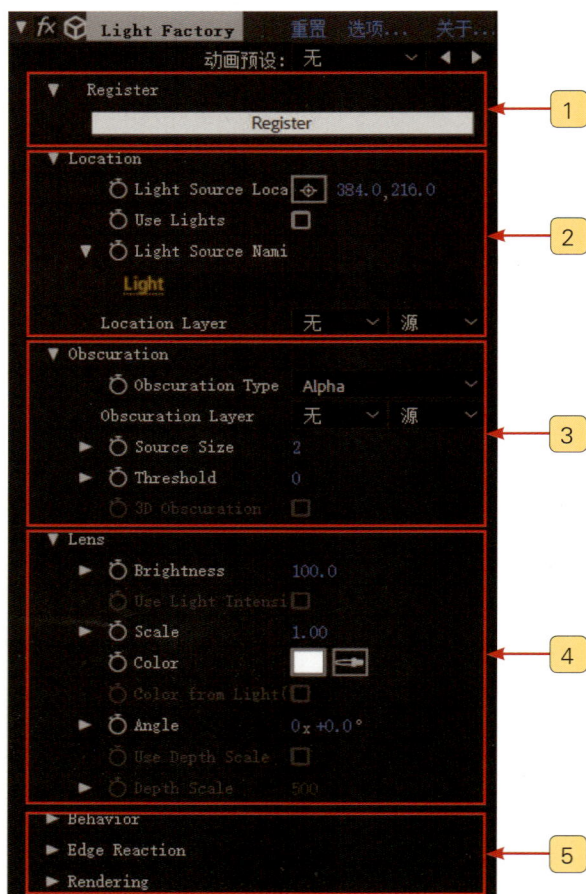

图 8-1-3

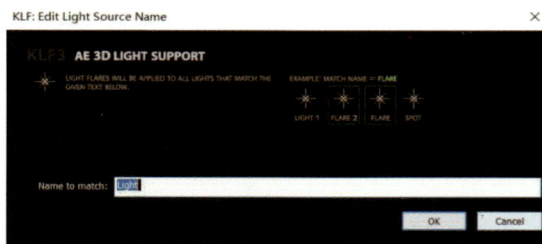

图 8-1-4

如图 8-1-5 所示，单击"选项"的蓝色字体进入 Knoll Light Factory Lens Designer（镜头光效元素设计）对话框，如图 8-1-6 所示。

图 8-1-5

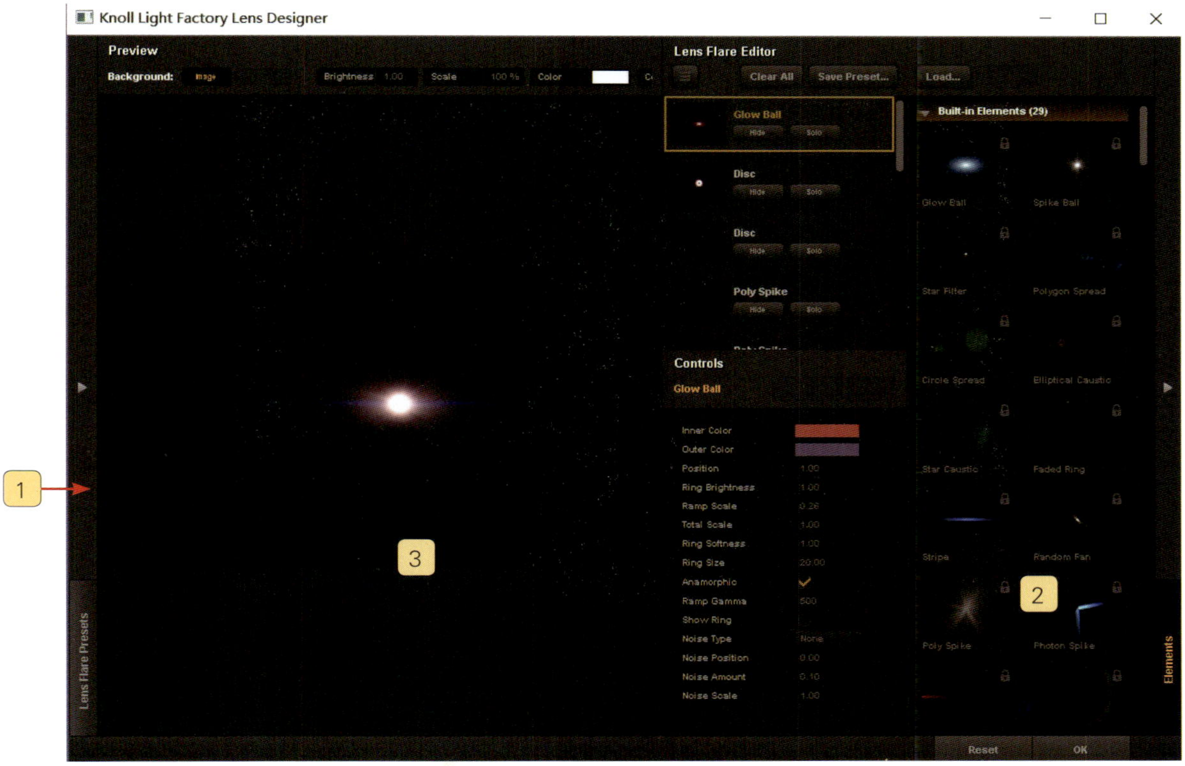

图 8-1-6

（1）Lens Flare Presets（镜头光晕预设）区：这里可以选择各式各样的预设镜头光晕，如图 8-1-7 所示。

（2）Lens Flare Editor（镜头光晕编辑）区：这里可以对选择好的灯光进行自定义设置，包括添加、删除、隐藏、大小、角度和长度等。

（3）Preview(预览)区：这里可以观看自定义后的灯光效果。

本书用的 Light Factory V3.0.3 的亮点是具有简洁可视化的工作界面，具有分工明确的预设区、元素区以及强大的参数控制功能，完全支持 3D 摄像机和灯光控制，并提供了 100 多个精美预设等。

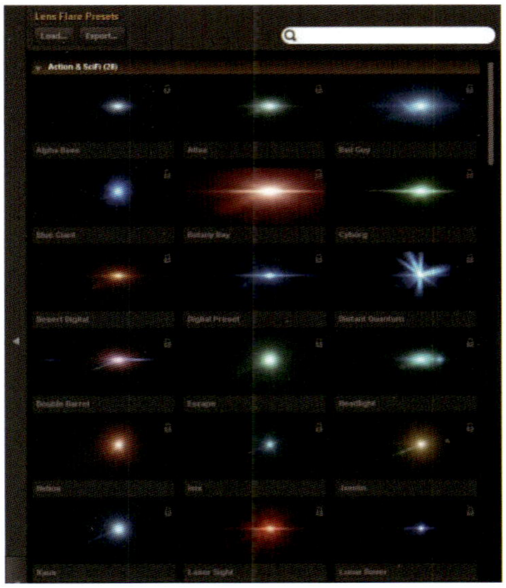

图 8-1-7

第 2 节　Shine（扫光）插件

Shine（扫光）滤镜是 Trapcode 公司为 After Effects 开发的快速扫光插件，它的问世给用户制作片头和特效带来了极大的便利，应用效果如图 8-2-1 所示。

图 8-2-1

执行命令"① 效果＞② RG Trapcode＞③ Shine"，如图 8-2-2 所示。在特效面板中展开 Shine（扫光）滤镜的属性，如图 8-2-3 所示。

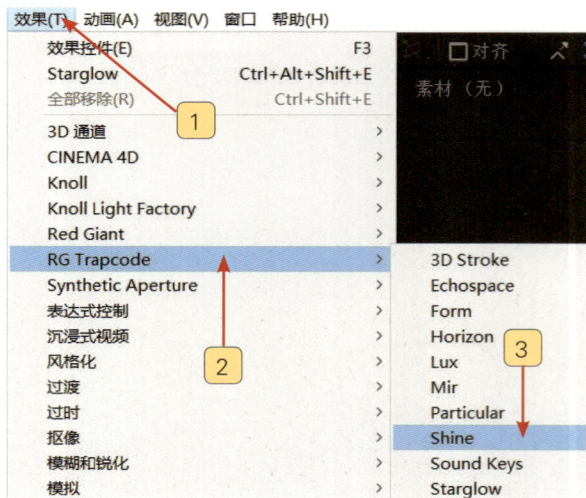

图 8-2-2

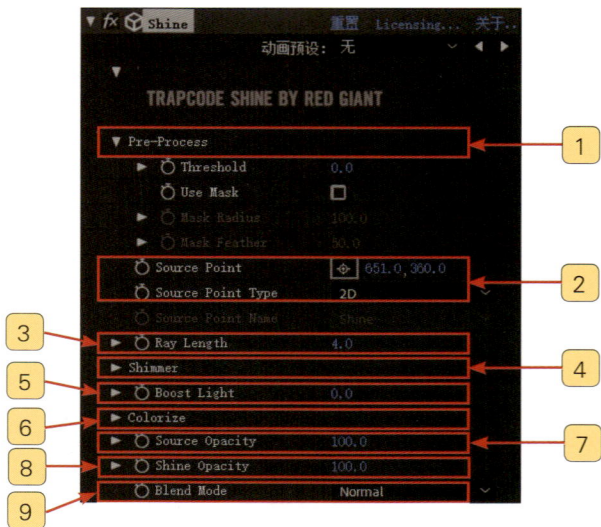

图 8-2-3

Shine（扫光）滤镜的参数介绍如下。

（1）Pre-Process（预处理）：在应用 Shine（扫光）滤镜之前需要设置的功能属性。

Threshold（阈值）：分离 Shine（扫光）所能发生作用的区域，不同的 Threshold（阈值）可以产生不同的光束效果。

Use Mask（使用遮罩）：设置是否使用遮罩效果。选择 Use Mask（使用遮罩）以后，它下面的 Mask Radius（遮罩半径）和 Mask Feather（遮罩羽化）才会被激活。

（2）Source Point（源点）：发光的基点，产生的光线以此为中心向四周发射。可以通过更改它的坐标数值来改变中心点的位置，也可以在合成面板的预览窗口中用鼠标移动中心点的位置。

Source Point Type（源点类型）：分为 2D 和 3D Light 两种。

（3）Ray Length（光线长度）：用来设置光线的长短。数值越大，光线长度越长；数值越小，光线长度越短。

（4）Shimmer（微光）：主要用来设置光效的细节，具体参数如图 8-2-4 所示。

Amount（数量）：微光影响的程度。

Detail（细节）：微光的细节。

Source Point affects（光束影响）：光束中心对微光是否发生作用。

Radius（半径）：微光影响的半径。

Reduce flickering（减少闪烁）：减少闪烁。

Phase（相位）：调节微光的相位。

Use Loop（循环）：控制是否循环。

Revolutions in Loop（在循环中旋转）：控制在循环中的旋转圈数。

（5）Boost Light（光线亮度）：设置光线的亮度。

（6）Colorize（彩色化）：用来调节光线的颜色，选择预置的各种不同的彩色化，可以对不同的颜色进行组合，如图 8-2-5 所示。

Base On（基于）：决定输入通道，共有 7 种模式，分别是 Lightness（明度），使用明度值；Luminance（亮度），使用亮度值；Alpha（通道），使用 Alpha 通道；Alpha Edges（Alpha 通道边缘），使用 Alpha 通道的边缘；Red（红色），使用红色通道；Green（绿色），使用绿色通道；Blue（蓝色），使用蓝色通道。

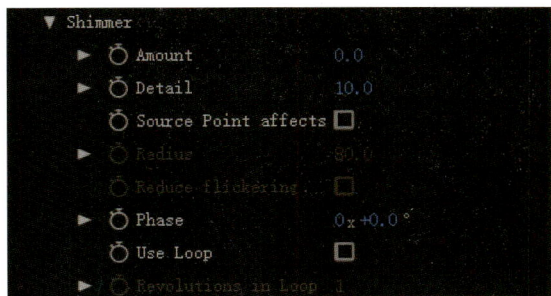

图 8-2-4

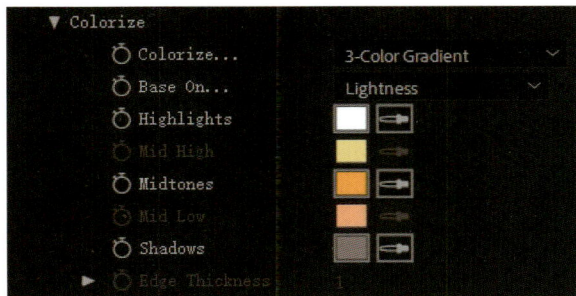

图 8-2-5

Highlights（高光）/Mid High（中间高光）/Midtones（中间调）/Mid Low（中间阴影）/Shadows（阴影）：分别用来自定义高光、中间高光、中间调、中间阴影和阴影的颜色。

（7）Source Opacity（源素材不透明度）：调节源素材的不透明度。

（8）Shine Opacity（扫光不透明度）：调节扫光的不透明度。

（9）Blend Mode（混合模式）：该属性和层的叠加方式类似。

第 3 节　Starglow（星光闪耀）插件

　　Starglow（星光闪耀）滤镜是一个根据图像的高光部分建立星光闪耀效果的特效滤镜，类似于在实际拍摄时使用漫射镜头得到星光耀斑，应用效果如图 8-3-1 所示。

　　执行命令"① 效果 > ② RG Trapcode > ③ Starglow"，如图 8-3-2 所示。在特效面板展开 Starglow（星光闪耀）滤镜的属性，如图 8-3-3 所示。

图 8-3-1

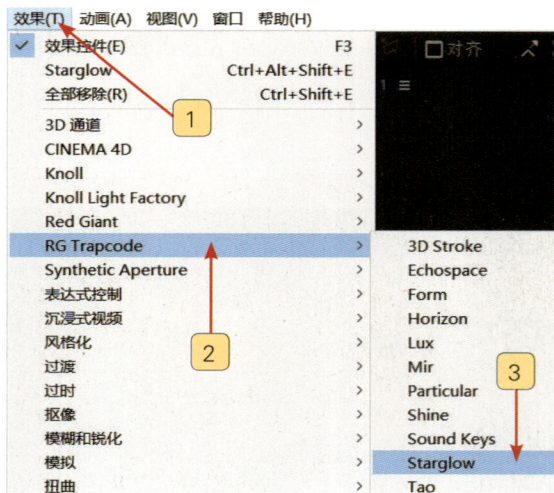

图 8-3-2

图 8-3-3

Starglow（星光闪耀）滤镜的参数介绍如下。

（1）Preset（预设）：该滤镜预设了 40 种不同的星光闪耀特效。

Input Channel（输入通道）：选择特效基于的通道，包括 Lightness（明度）、Luminance（亮度）、Red（红色）、Green（绿色）、Bule（蓝色）、Alpha 等通道类型。

（2）Pre-Process（预处理）：在应用 Starglow（星光闪耀）效果之前需要设置的功能参数，如图 8-3-4 所示。

Threshold（阈值）：用来定义产生星光闪耀特效的最小亮度值。值越小，画面上产生的星光闪耀特效就越多；值越大，产生星光闪耀的区域亮度要求就越高。

Threshold Soft（区域柔化）：用来柔和高亮和低亮区域之间的边缘。

Use Mask（使用遮罩）：选择该选项，可以使用一个内置的圆形遮罩。

Mask Radius（遮罩半径）：设置遮罩的半径。

Mask Feather（遮罩羽化）：设置遮罩的边缘羽化。

Mask Position（遮罩位置）：设置遮罩的具体位置。

（3）Streak Lengths（光线长度）：调整星光散射的长度。

Boost Light（星光亮度）：调整星光的强度（亮度）。

（4）Individual Lengths（单独星光长度）：调整每个方向的 Glow（辉光）大小。

Individual Colors（单独光线颜色）：设置每个方向的颜色贴图，最多有三种颜色贴图选择，如图 8-3-5 所示。

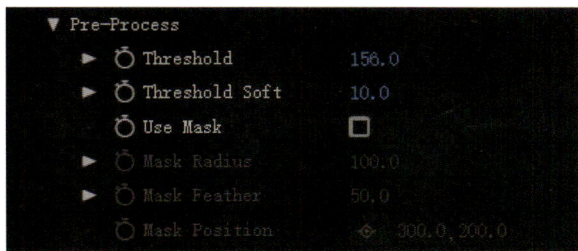

图 8-3-4

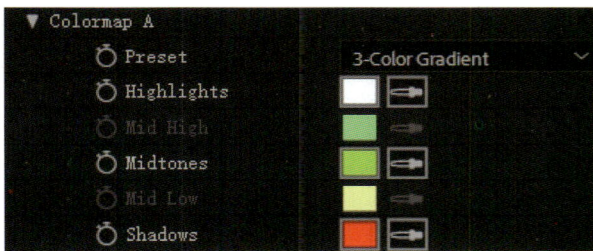

图 8-3-5

（5）Shimmer（微光）：控制星光闪耀效果的细节部分，具体参数如图 8-3-6 所示。

Amount（数量）：微光的数量。

Detail（细节）：微光的细节。

Phase（位置）：设置微光的当前相位，给参数加上关键帧，就可以得到一个动画的微光。

Use Loop（使用循环）：选择该选项，可以使微光产生一个无缝的循环。

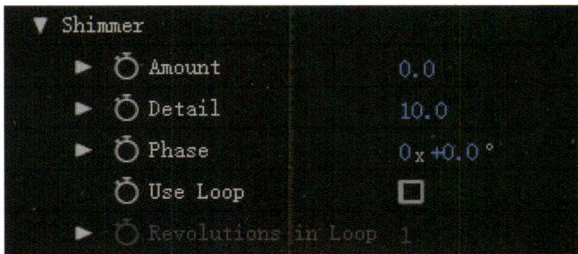

图 8-3-6

Revolutions in Loop（循环旋转）：在循环情况下，相位旋转的总体数目。

（6）Source Opacity（源素材不透明度）：设置源素材的不透明度。

Starglow Opacity（星光闪耀不透明度）：设置星光闪耀特效的不透明度。

（7）Transfer Mode（混合模式）：设置星光闪耀特效和源素材的画面叠加方式。

注：Starglow（星光闪耀）的功能是依据图像的高光部分建立一个星光闪耀特效，它的星光包括 8 个方向（上、下、左、右以及 4 条对角线），每个方向都可以单独调整强度和颜色贴图，但是一次最多可使用 3 种不同的颜色贴图。

第 4 节　广告片尾制作实例

本实例主要讲解如何通过 Light Factory（光工厂）滤镜来完成广告片尾光效的制作。实例效果如图 8-4-1 所示。

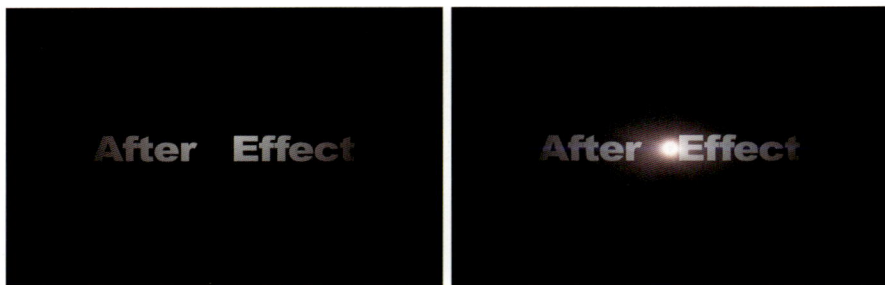

图 8-4-1

步骤 1：在素材所在文件夹中双击"广告片尾 .aep"，如图 8-4-2 所示。文件打开后如图 8-4-3 所示。

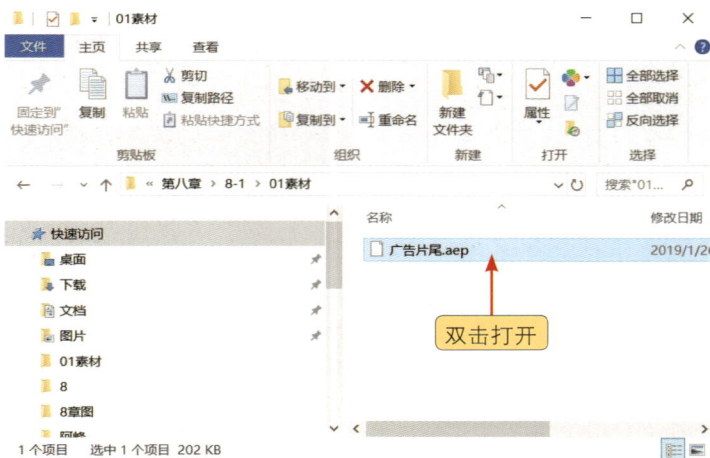

图 8-4-2

步骤 2：按 "Ctrl+Y" 新建白色纯色层，命名为 "Glow"，如图 8-4-4 所示。

步骤 3：在效果和预设栏里搜索 Light Factory（光工厂），将 Light Factory 拖曳到 Glow 图层上，如图 8-4-5 所示。

步骤 4：在特效面板展开 Light Factory（光工厂）属性，设置 Light Source Location（光源位置）为 361.0，241.0，如图 8-4-6 所示。

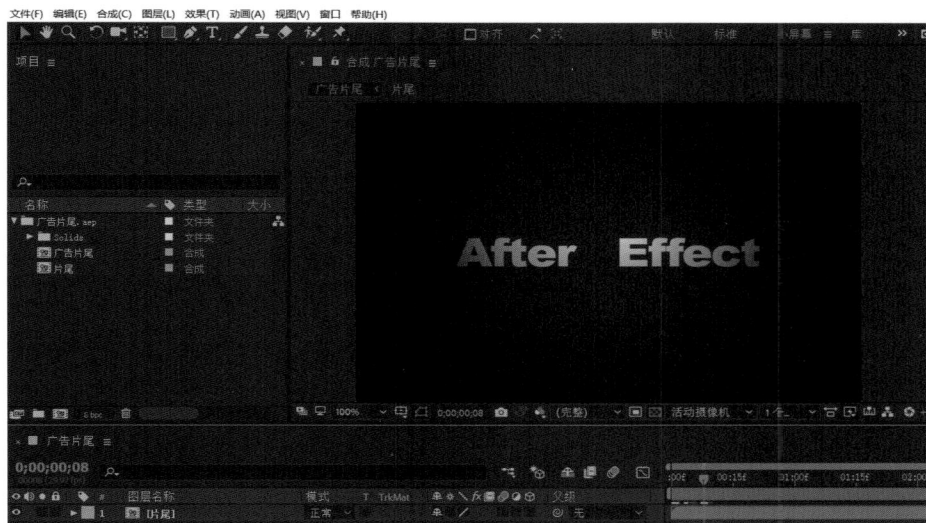

图 8-4-3

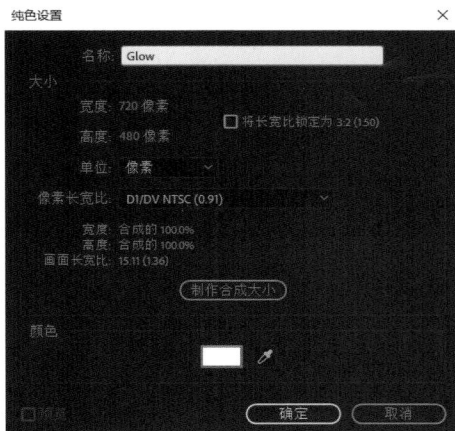

图 8-4-4

图 8-4-5

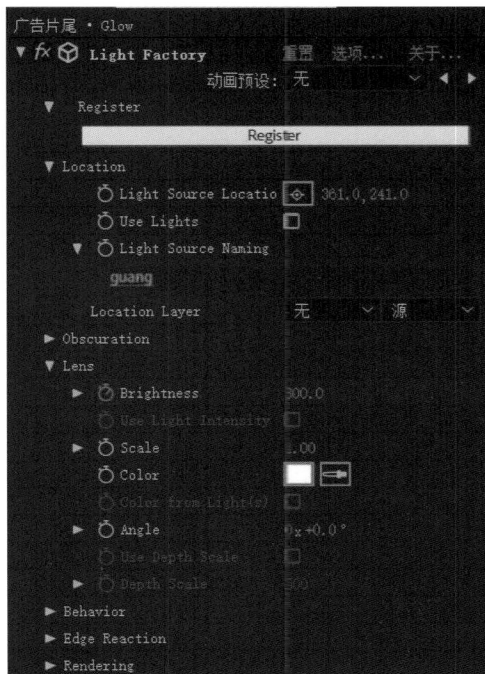

图 8-4-6

步骤5：① 打开 Brightness（亮度）前的码表，在 0:00:00:01 处设置为 300，在 0:00:00:06 处设置为 100。② 在 0:00:01:02 处设置为 100，在 0:00:01:03 处设置为 300，在 0:00:01:07 处设置为 100。③ 框选 ② 的三个关键帧，按"Ctrl+C"复制，在 0:00:02:03 处按"Ctrl+V"粘贴，如图 8-4-7 所示。

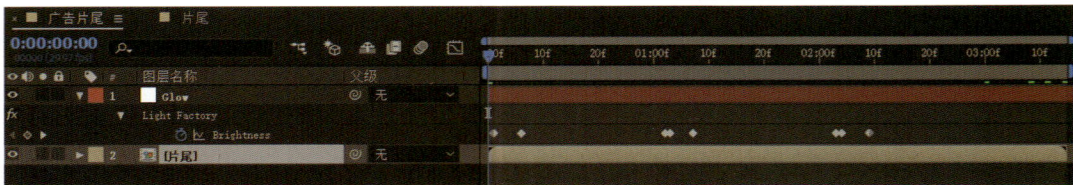

图 8-4-7

预览效果如图 8-4-8 所示。

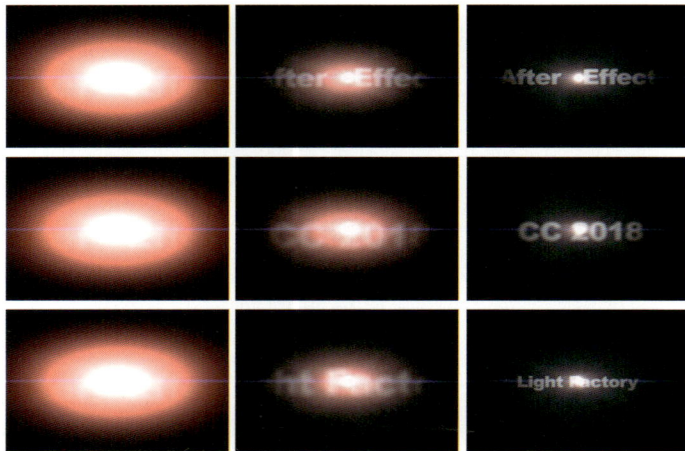

图 8-4-8

第 5 节　魔兽动画片头临摹实例

本实例主要讲解如何通过 Shine（扫光）滤镜来完成魔兽动画片头光效的制作。实例效果如图 8-5-1 所示。

图 8-5-1

5.1 素材制作

我们准备的魔兽图片不能直接使用，需要通过 Photoshop 软件对它进行处理。在 Photoshop 中打开魔兽素材，用钢笔工具把字母"WARCRAFT"抠下来，如图 8-5-2 所示。

图 8-5-2

5.2 动画制作

步骤 1：打开 After Effects，在项目窗口双击左键，弹出"导入文件"窗口，① 选择"魔兽.psd"文件。② 将"导入为"设置为"合成"。③ 单击"导入"，如图 8-5-3 所示。

此时弹出窗口如图 8-5-4 所示，单击"确定"。

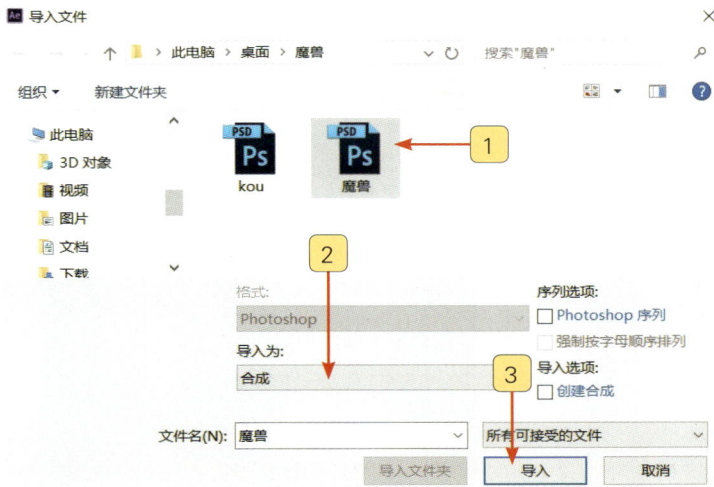

图 8-5-3

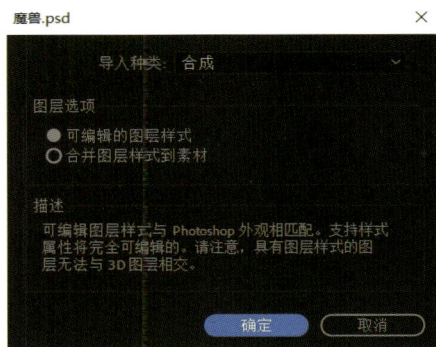

图 8-5-4

导入项目窗口的 Photoshop 素材如图 8-5-5 所示。

步骤 2：在项目窗口中找到"魔兽"合成，双击合成后，合成会在时间轴面板打开，如图 8-5-6 所示。

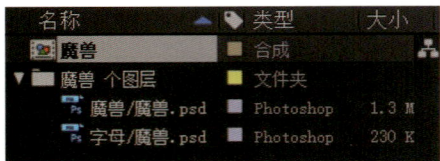

图 8-5-5

图 8-5-6

步骤 3：将 psd 的"字母"层按"Ctrl+Shift+C"预合成并命名为"字母"，如图 8-5-7 所示。

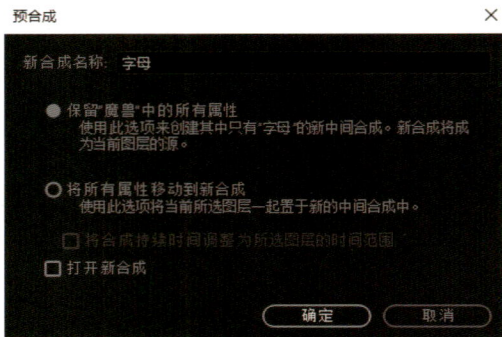

图 8-5-7

步骤 4：选择合成"字母"，执行命令"① 效果 > ② RG Tarpcode > ③ Shine"，如图 8-5-8 所示。在特效面板展开 Shine 滤镜属性，如图 8-5-9 所示。

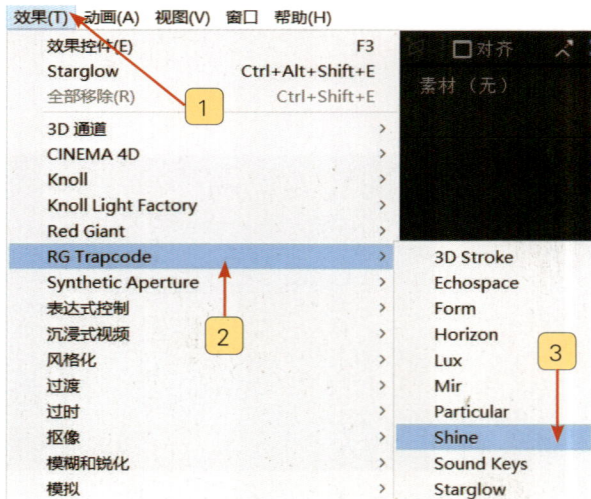

图 8-5-8

图 8-5-9

步骤 5：首先来制作前半部分的扫光效果，① 单击"Source Point（源点）"前的码表激活，在 0:00:00:00 处设置为 110.0，284.0；在 0:00:03:00 处设置为 610.0，284.0。② 将"Ray Length（光线长度）"设置为 7。③ 单击"Boost Light（星光亮度）"前的码表激活，在 0:00:01:00 处设置为

4，在 0:00:02:00 处设置为 5，在 0:00:03:00 处设置为 7。④ 单击 "Shine Cpacity（扫光透明度）" 前的码表激活，在 0:00:03:05 处设置为 100，在 0:00:03:20 处设置为 0，如图 8-5-10 所示。

图 8-5-10

图 8-5-11

选择 "字母" 层，按 "U" 键显示所有关键帧，如图 8-5-11 所示。

步骤 6：选择 "字母" 合成，执行命令 "① 效果 > ② RG Tarpcode > ③ Shine"。

① 将 "Ray Length（光线长度）" 设置为 7。② 单击 "Shine Opacity（扫光透明度）" 前的码表激活，在 0:00:03:20 处设置为 0，在 0:00:04:20 处设置为 100，在 0:00:05:05 处设置为 100，在 0:00:05:20 处设置为 0，如图 8-5-12 所示。

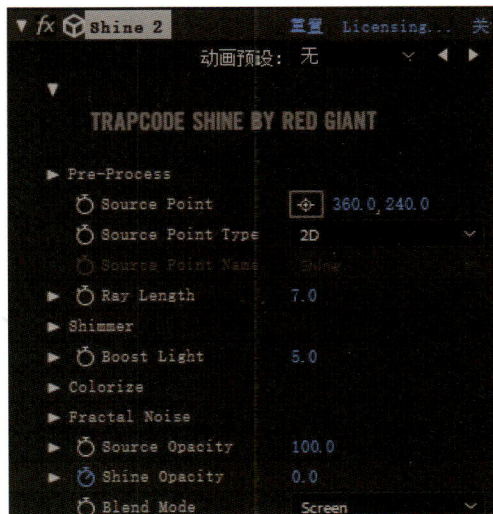

图 8-5-12

选择"字母"层，按"U"键显示所有关键帧，如图 8-5-13 所示。

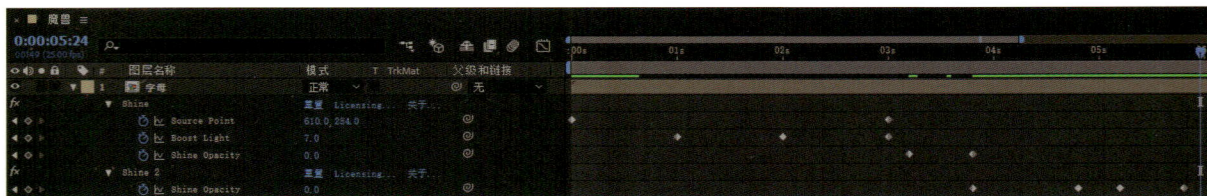

图 8-5-13

播放最终效果如图 8-5-14 所示。

图 8-5-14

第 6 节 炫彩星光实例

本实例主要讲解如何通过 Starglow（星光闪耀）滤镜来完成炫彩星光的制作。实例效果如图 8-6-1 所示。

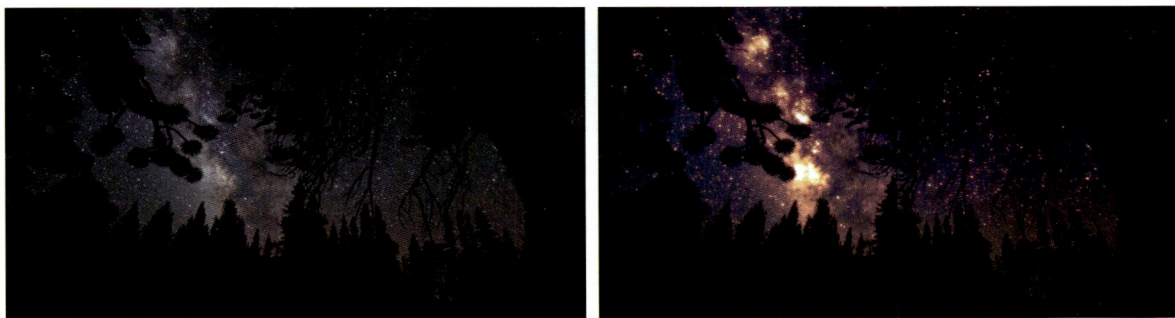

图 8-6-1

步骤 1：打开 After Effects，在项目窗口中双击左键，弹出窗口，选择"炫彩星光"视频文件，单击"导入"，如图 8-6-2 所示。

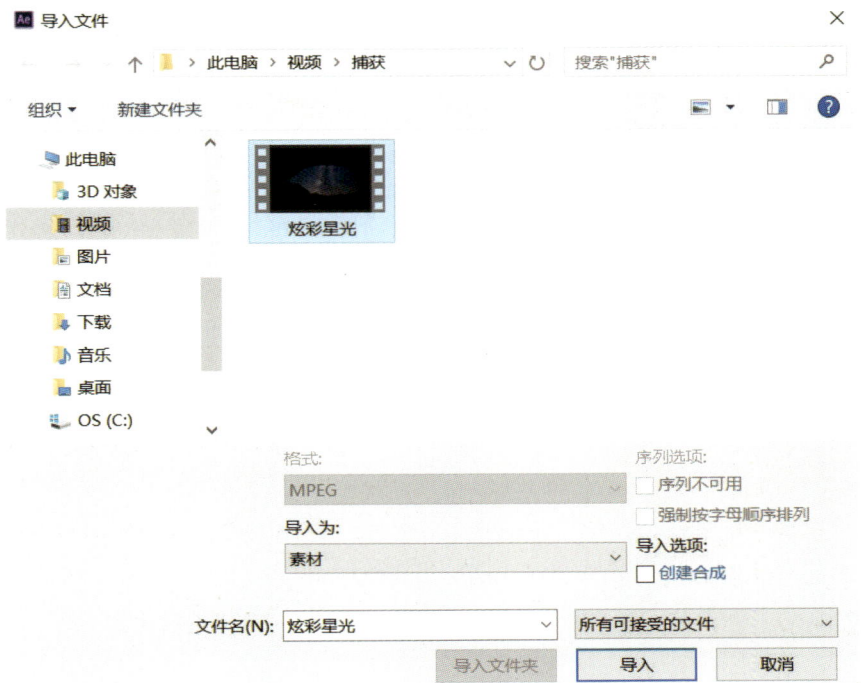

图 8-6-2

步骤 2：将视频素材拖曳到时间轴面板，如图 8-6-3 所示。选择视频图层，在效果和预设里搜索"色相 / 饱和度"，双击将它添加到视频图层。在特效面板展开色相 / 饱和度属性，设置主饱和度为 20，如图 8-6-4 所示。效果如图 8-6-5 所示。

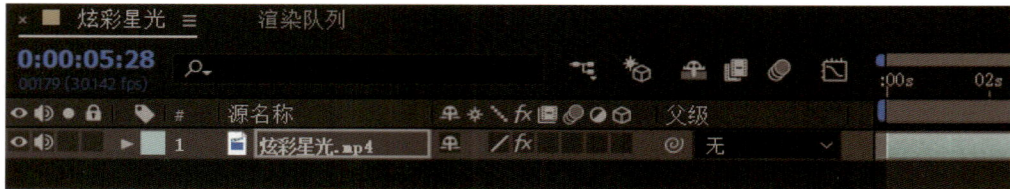

图 8-6-3

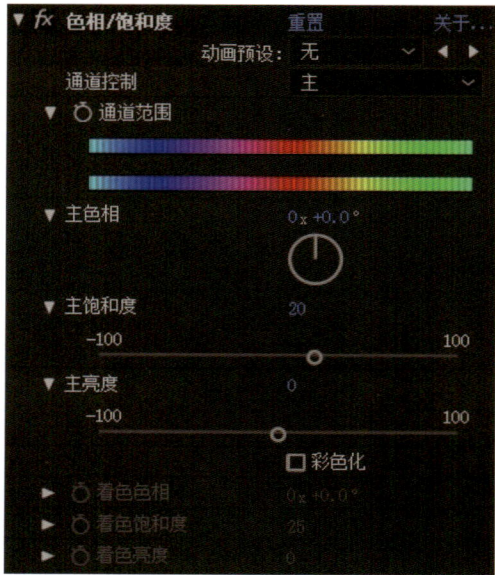

图 8-6-4

图 8-6-5

步骤 3：选择视频素材图层，执行命令"① 效果 > ② RG Trapcode > ③ Starglow"，如图 8-6-6 所示。在特效面板展开 Starglow（星光炫耀）属性设置，① Preset（预设）：Red。② Input Channel（输入通道）：Bule。③ 展开 Pre-Process（预处理），Threshold（阈值）：200；Threshold Soft（区域柔化）：100。④ Streak Length（光线长度）：5。⑤ Boost Light：2。⑥ 设置 Starglow Opacity（星光不透明度）在 0:00:00:00 处为 0，在 0:00:03:00 处为 100，在 0:00:06:00 处为 0。⑦ Transfer Mode（混合模式）：Add（相加），如图 8-6-7 所示。

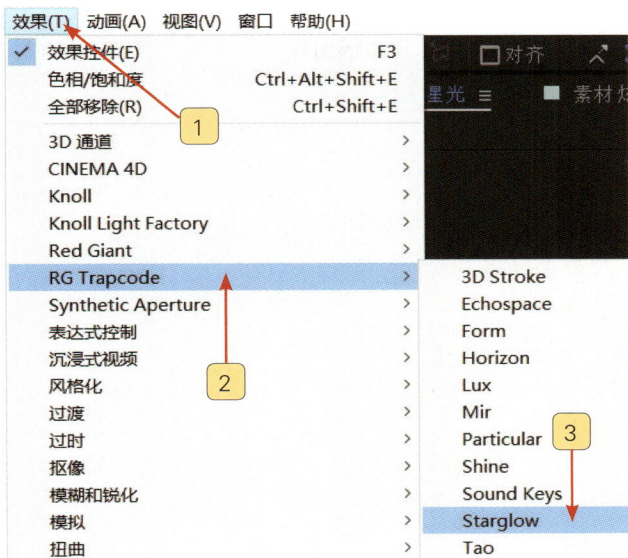

图 8-6-6

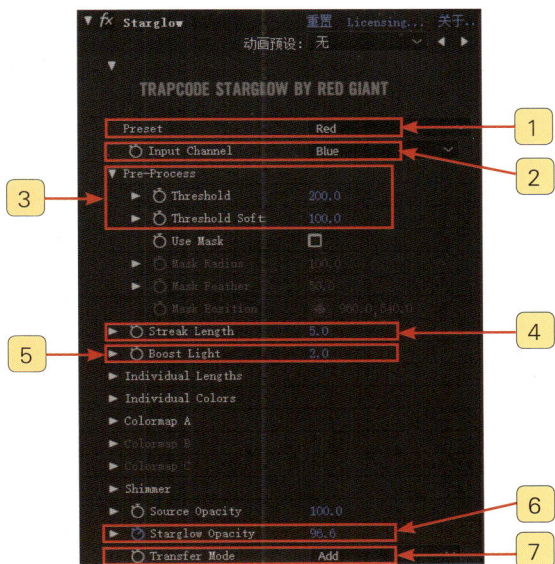

图 8-6-7

最终预览效果如图 8-6-8 所示。

图 8-6-8

《思考与练习》

拍摄一个小短片，利用所学的插件制作一个完整的特效视频。

第9章 Premiere Pro CC 2018 基础

开始使用 Premiere Pro CC 2018 之前，先来熟悉一下 Premiere Pro CC 2018 的工作界面。Premiere Pro CC 2018 的工作界面主要由菜单栏、项目窗口、时间轴窗口、节目监视器窗口、源监视器窗口以及工具面板等组成。

- ★ Premiere Pro CC 2018 软件介绍
- ★ Premiere Pro CC 2018 界面与窗口菜单
- ★ Premiere Pro CC 2018 工作流程

Premiere（简称 PR）出自 Adobe 公司，是一款基于非线性编辑设备的视音频编辑软件，可以在各种平台上和硬件配合使用，被广泛地应用于电视节目制作、广告制作、电影剪辑等领域，是 PC 和 MAC 平台上应用最为广泛的视频编辑软件。

Premiere 是一款非常专业的 DV（Desktop Video）编辑软件，专业人员结合专业系统的配合可以制作出广播级的视频作品。在普通的 PC 上，配以比较廉价的压缩卡或输出卡也可制作出专业级的视频作品和 MPEG 压缩影视作品。

Premiere 历史上的经典版本有：6.5（历史性的飞跃，真正意义上的非线性编辑软件，实时预览），2.0（全套专业的解决方案），CS（Creative Suite 的缩写），CC（Creative Cloud 创意云技术的缩写）。现在常用的版本有 CS4、CS5、CS6、CC 2014、CC 2015、CC 2017、CC 2018 等。Adobe Premiere 是一款编辑画面质量较好的软件，有较好的兼容性，且可以与 Adobe 公司推出的其他软件相互协作。本书教学使用的版本为 Adobe Premiere Pro CC 2018。

Adobe Premiere Pro CC 2018 软件将卓越的性能、优美的用户界面和许多奇妙的创意功能结合在一起，包括用于稳定素材的 Warp Stabilizer、动态时间轴裁切、扩展的多机编辑、调整图层等。

第1节 Premiere Pro CC 2018 工作界面

1.1 启动 Premiere Pro CC 2018

正确安装完 Premiere Pro CC 2018 后，可通过两种方式来启动程序：双击桌面上的图标，启动程序；执行命令"① 开始 > ② 所有程序 > ③ Premiere Pro CC 2018"，启动程序，如图 9-1-1 所示。

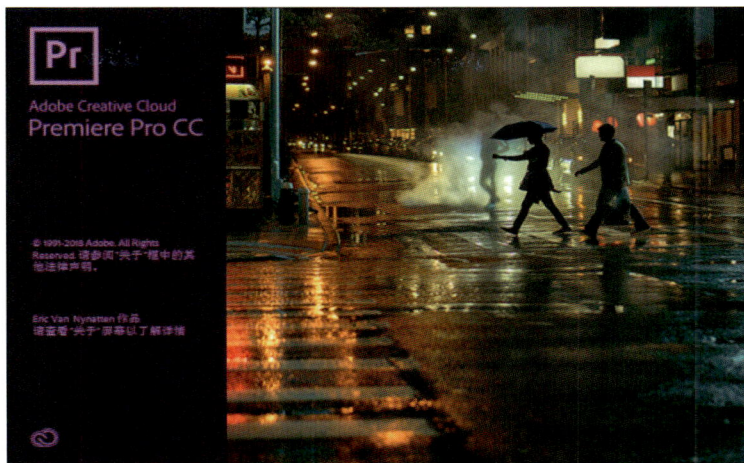

图 9-1-1

1.2 开始界面

启动 Premiere Pro CC 2018 后，将显示开始界面，可选择新建项目、打开项目、新建团队项目、打开团队项目的操作。如果已经在 Premiere Pro CC 2018 中打开过项目文件，则在该界面中会显示最近编辑过的影片项目文件，如图 9-1-2 所示。

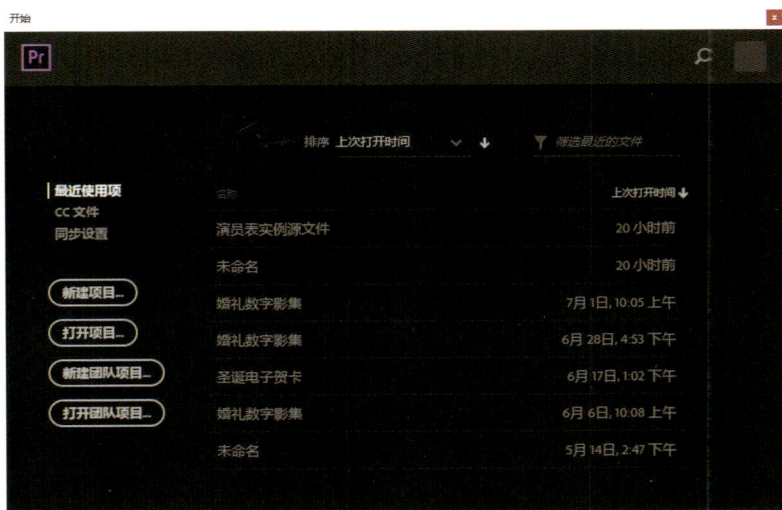

图 9-1-2

最近使用项：在该列表中将显示最近几次在 Premiere Pro CC 2018 中打开过的项目文件的名称与时间，方便用户快速地选择和打开文件，继续编辑之前的操作。

新建项目：按下该按钮，可以打开"新建项目"对话框，在其中可以设置各种项目参数，创建一个新的项目文件进行视频编辑。

打开项目：按下该按钮，可以打开在计算机中已有的项目文件，找到之前保存的文件，单击"打开"按钮，可将其在 Premiere Pro CC 2018 中打开，进行编辑或其他操作。

新建团队项目：这是一项托管服务，可让编辑人员和运动图形艺术家在 Prelude CC 2018、Premiere Pro CC 2018 和 After Effects CC 2018 内的项目中共同协作。

打开团队项目：按下该按钮，可以打开之前的团队项目文件。

1.3 新建项目

在开始界面中单击"新建项目"按钮，可以在打开的"新建项目"对话框中创建一个新的项目文件，如图 9-1-3 所示。

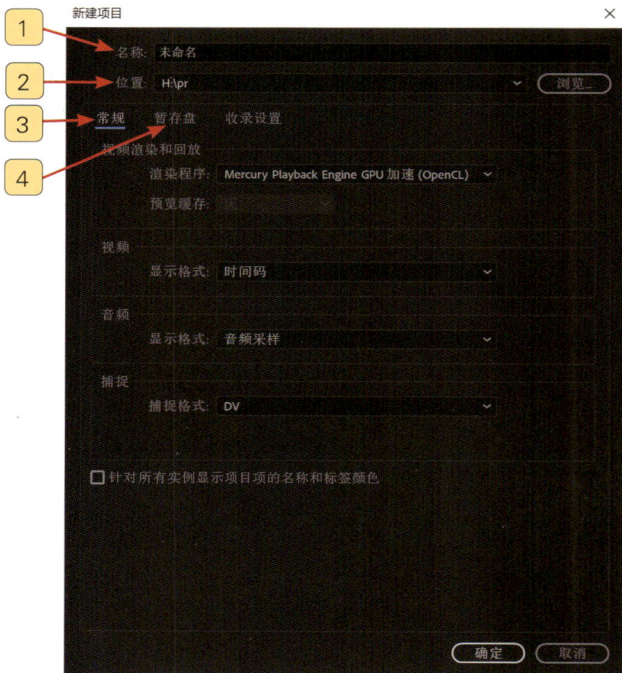

图 9-1-3

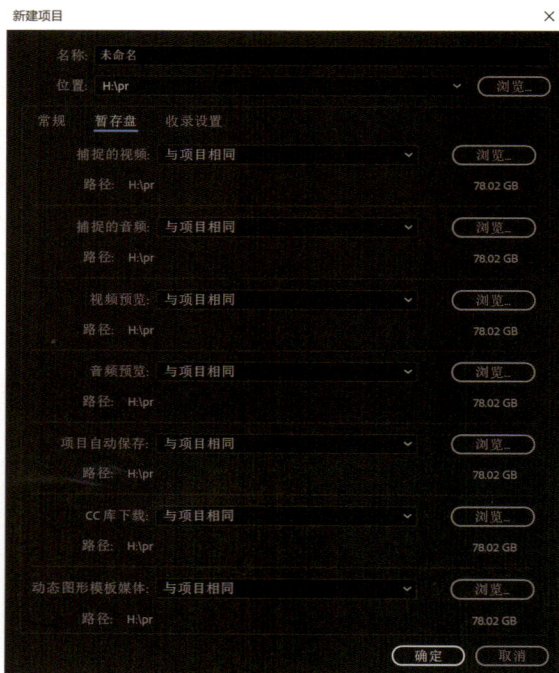

图 9-1-4

（1）名称：为新建项目输入名称。

（2）位置：新建项目文件的保存位置，单击后面的"浏览"按钮，可以在打开的对话框中设置项目文件的存放位置。

（3）常规：可以设置文件的基本属性，包括视频的渲染程序、视频的显示格式、音频的显示格式以及采集捕获磁带中的视频后保存为数字视频时的文件格式。

（4）暂存盘：该选项用于设置操作与预览文件时，系统所产生的临时文件的暂时保存位置。单击"浏览"按钮，可以在对话框中自行指定需要的临时暂存文件的存放位置，如图 9-1-4 所示。

在"新建项目"面板中，设置好文件名称与保存位置后，其他选项保持默认，单击"确定"按钮，就可以创建项目文件，进入 Premiere Pro CC 2018 的工作界面了，如图 9-1-5 所示。

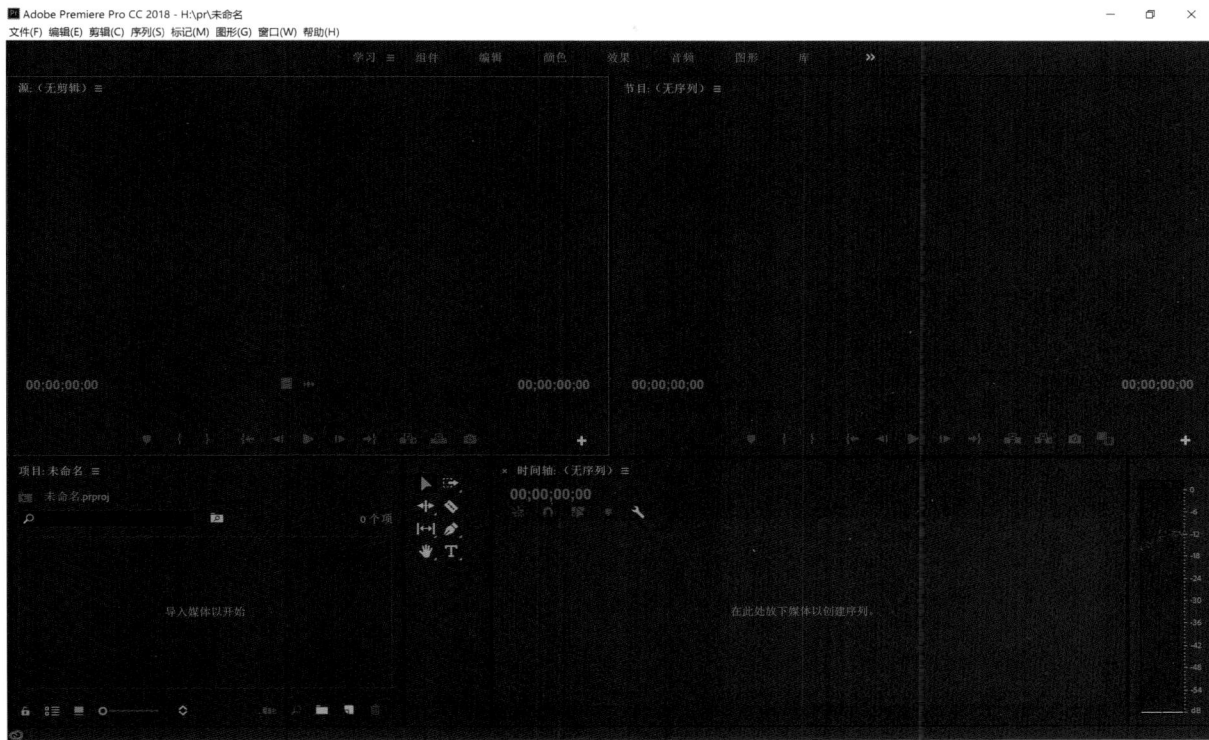

图 9-1-5

1.4 新建序列

序列是指包含具体影像内容的合成。在 Premiere Pro CC 2018 中，一个项目文件可以包含多个合成序列；一个序列也可以被称作为一个包含了影像内容的素材，可以被加入其他序列中进行编辑。

在 Premiere Pro CC 2018 左下方的"导入媒体以开始"面板单击鼠标右键新建序列，如图 9-1-6 所示。

（1）"序列预设"：该选项卡提供了已经定义好项目设置的多种文件类型，可以根据需要在"可用预设"列表中选择一种预设类型，可在右侧"预设描述"窗口中查看该文件类型的设置信息。

（2）"设置"：该选项卡实现了"序列预设"选项卡中所选择预设类型的具体参数设置，可以对各项参数进行修改与调整。

（3）"轨道"：用于设置新建序列所包含的视频轨道数量、音频轨道类型以及音频轨道的各项属性参数。

（4）"VR 视频"：可以设置 VR 属性，包括 VR 投影方式与布局参数的修改与调整。

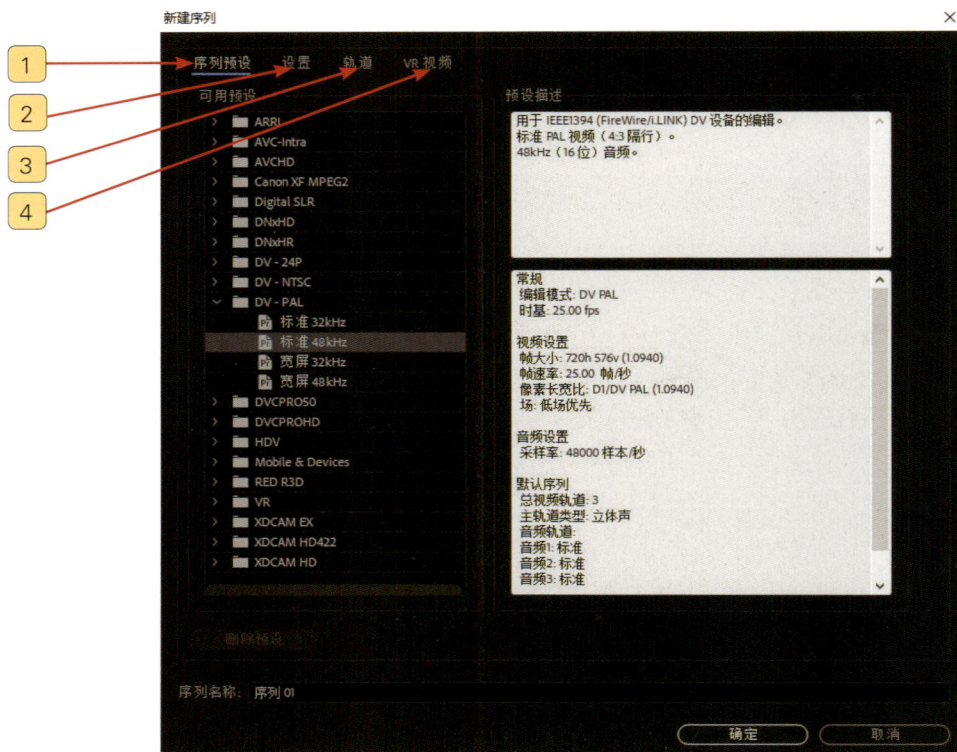

图 9-1-6

1.5 Premiere Pro CC 2018 工作界面

Premiere Pro CC 2018 的工作界面大体分为菜单栏、源监视器窗口、节目监视器窗口、项目窗口、工具面板、时间轴窗口等，如图 9-1-7 所示。

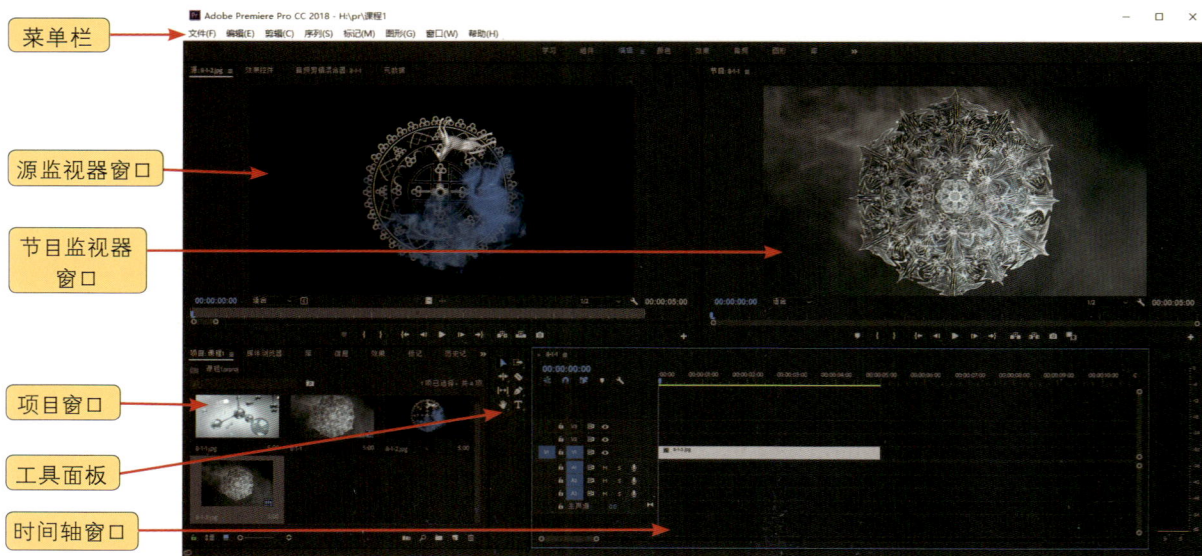

图 9-1-7

1.5.1 菜单栏

菜单栏主要由文件、编辑、剪辑、序列、标记、图形、窗口和帮助菜单 8 个部分组成。

1.5.2 工作窗口

工作窗口分为项目窗口、源监视器窗口、节目监视器窗口和时间轴窗口。

项目窗口：用于存放创建的序列、素材文件，可以对素材进行管理，并查看其属性，如图 9-1-8 所示。

图 9-1-8

源监视器窗口：用来查看或播放素材的原始内容，观察对素材进行编辑后的区别。项目窗口中的素材可以直接拖曳到源监视器窗口中，如图 9-1-9 所示。

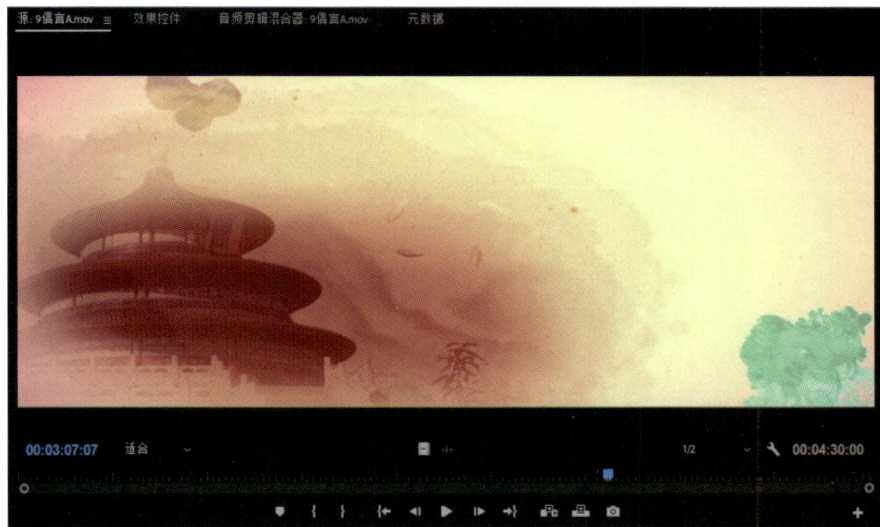

图 9-1-9

节目监视器窗口：通过节目监视器窗口，可以对合成序列的编辑效果进行实时预览，也可以在窗口中将对应的素材进行移动、变形、缩放等操作，如图 9-1-10 所示。

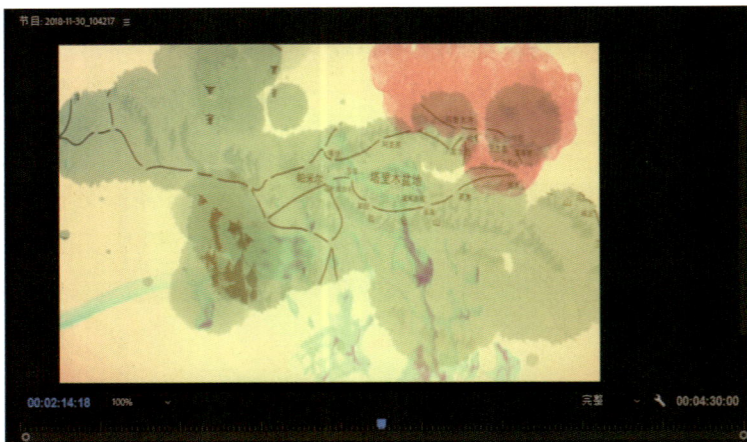

图 9-1-10

1.5.3 工具面板

工具面板包含了一些视频编辑操作时常用的工具。

选择工具：用于对素材进行选择、移动，并可以调节素材关键帧，为素材设置入点和出点。

轨道选择工具：使用该工具，可以选择轨道上的所有素材。

波纹编辑工具：使用该工具，可以拖动素材的出点以改变素材的长度，相邻素材的长度不变，而项目片段的总长度会改变。

滚动编辑工具：使用该工具，在需要剪辑的素材边缘拖动，可以将增加到该素材的帧数从相邻的素材中减去，也就是说项目片段的总长度不会发生改变。

速率伸缩工具：使用该工具，可以对素材进行相应的速度调整，以改变素材的长度。

剃刀工具：用于分割素材。选择剃刀工具后单击素材，会将素材分为两段，产生新的入点和出点。

错落工具：用于改变一段素材的入点和出点，保持其总长度不变，并且不影响相邻的其他素材。

滑动工具：该工具可以保持准备剪辑素材的入点和出点不变，通过相邻素材的入点和出点的变化，改变其在时间轴窗口中的位置，而项目片段的时间长度不变。

钢笔工具：主要用于设置素材的关键帧。

手形工具：用于改变时间轴窗口的可视区域，有助于编辑一些较长的素材。

缩放工具：用来调整时间轴窗口显示的单位比例。

根据不同的工作需要，Premiere Pro CC 2018 提供了 9 种不同的功能布局的界面模式，方便用户根据编辑内容的需要，选择最佳的界面布局。在菜单栏中单击"窗口"→"工作区"命令，可以调出菜单中选中的布局方式，如图 9-1-11 所示。

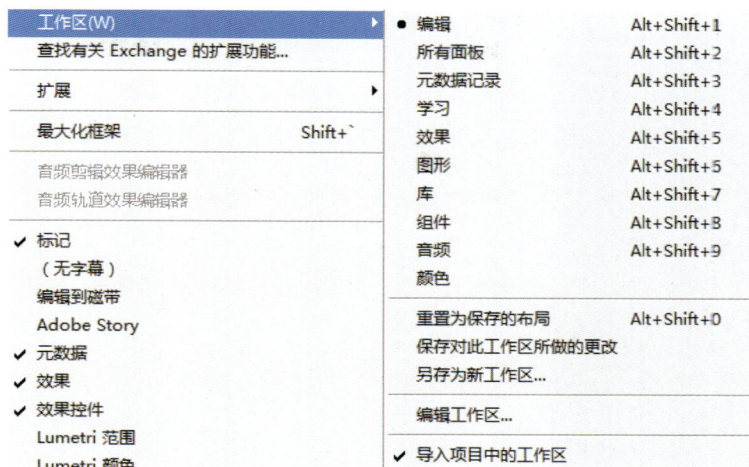

图 9-1-11

第 2 节　Premiere Pro CC 2018 工作流程

现代剪辑不再是单纯的画面组接。作为一种制作手法，除了技术手段上的差别外，无论是电视剪辑还是电影剪辑，它们的基本技巧和方法是大同小异的。

影视创作一般分为前期和后期两个阶段，前期涉及为获取原始影像素材和原始声音素材而进行的一系列工作，包括选题、策划、采访、实际拍摄等环节，其中核心环节是拍摄；后期涉及对原始素材进行挑选、修饰与处理，这些工作主要是围绕着剪辑进行的。

下面通过一个圣诞电子贺卡的实例讲解 Premiere Pro CC 2018 的工作流程，如图 9-2-1 所示。

步骤 1：启动 Premiere Pro CC 2018，接下来在 Premiere Pro CC 2018 中开始编辑操作，首先是创建项目文件，如图 9-2-2 所示。

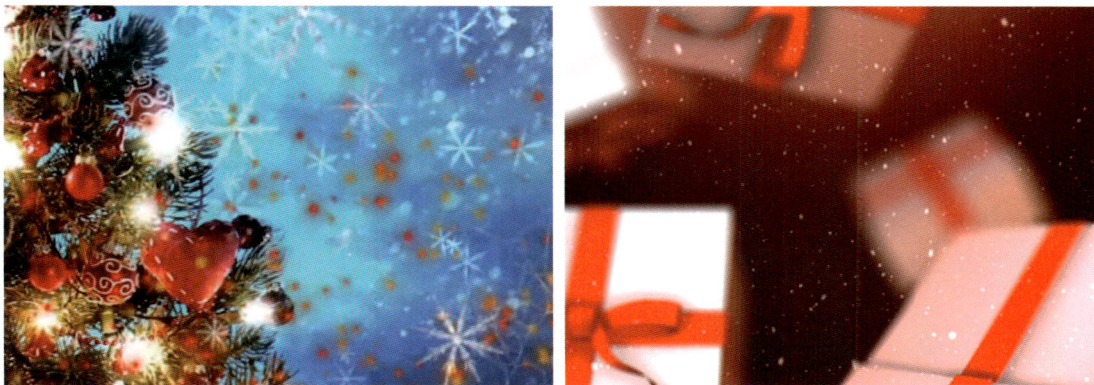

图 9-2-1

图 9-2-2

步骤 2：创建序列。执行命令"新建＞序列"，打开"新建序列"对话框，①"序列预设"为"标准 48kHz"。② 展开"设置"选项卡，在"编辑模式"下拉列表中选择"自定义"选项。③"时基"为 25.00 帧 / 秒，如图 9-2-3 所示。

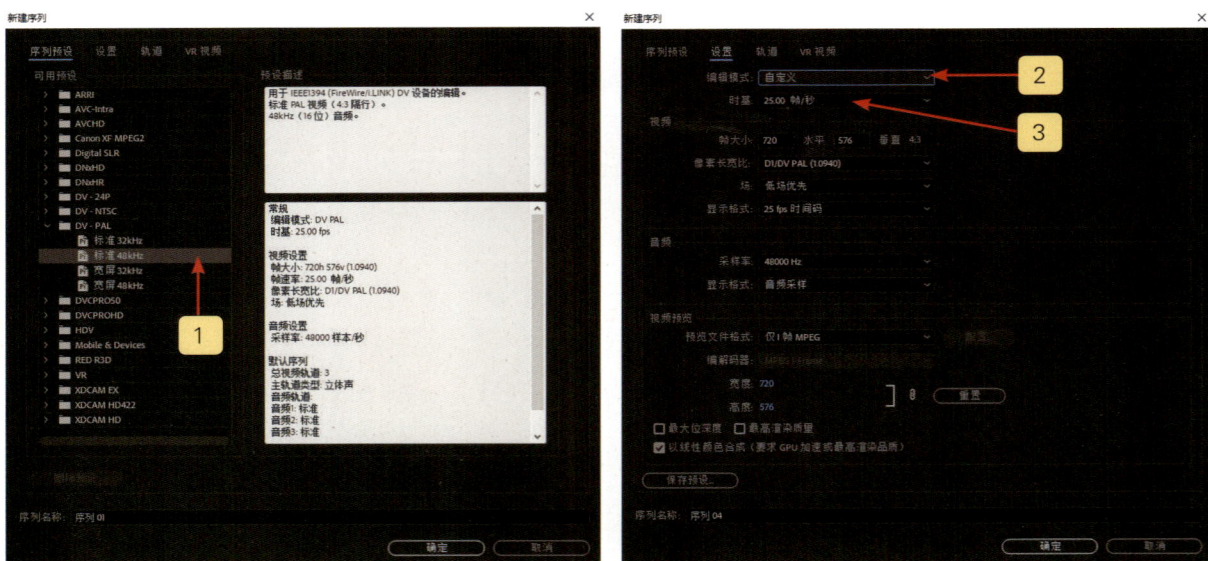

图 9-2-3

步骤 3：在"新建序列"对话框中单击"确定"按钮后，即可在项目窗口查看到新建的序列对象，如图 9-2-4 所示。

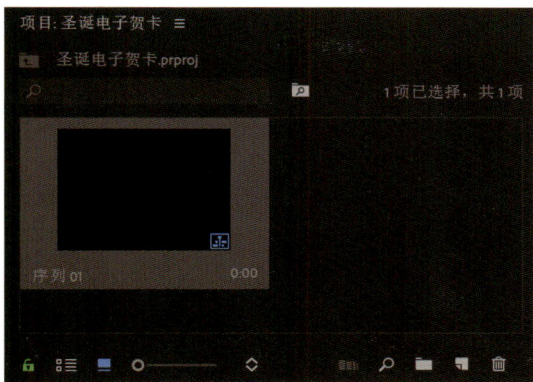

图 9-2-4

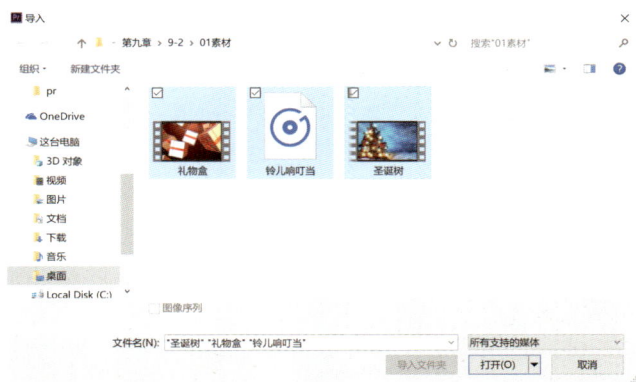

图 9-2-5

步骤 4：导入视频素材"礼物盒""圣诞树"和音频素材"铃儿响叮当"。在这里我们可以通过以下三种方法导入素材。

方法一：通过命令导入。执行命令"① 文件 > ② 导入"，如图 9-2-5 所示。

方法二：从媒体浏览器导入。在媒体浏览器面板中展开素材的保存文作夹，将需要导入的一个或多个文件选中，然后单击鼠标右键并选择"导入"命令，即可完成指定素材的导入。

方法三：拖入外部素材。在文件夹中将需要导入的一个或多个文件选中，然后按住并拖动到项目窗口中，即可快速完成指定素材的导入。

步骤 5：简单浏览素材。可以通过鼠标直接在源监视器窗口的时间轴上拖动时间指针快速浏览素材，如图 9-2-6 所示。

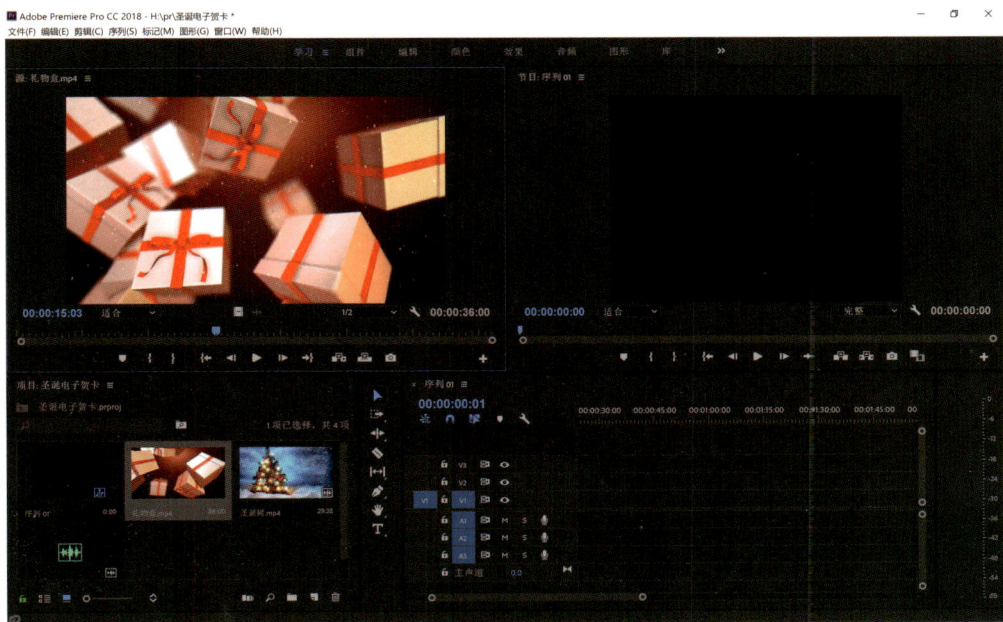

图 9-2-6

步骤6：对素材进行编辑处理。对于导入到项目窗口中的素材，通常要对其进行一些修改编辑，以达到符合影片制作的要求。例如，调整视频素材的播放速度，以及修改视频、音频、图像素材的持续时间等。在时间轴上选择视频素材，单击鼠标右键，在弹出的命令选项中选择"速度/持续时间"命令，如图9-2-7所示。

步骤7：在时间轴窗口中编排素材。将视频素材"礼物盒"拖曳到序列的时间轴窗口中，在释放鼠标后，即可将其对入点对齐在00:00:00:00的位置，如图9-2-8所示。

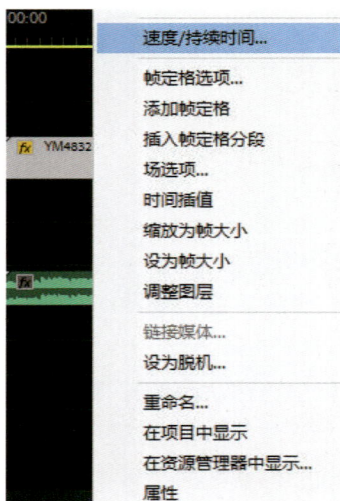

图 9-2-7

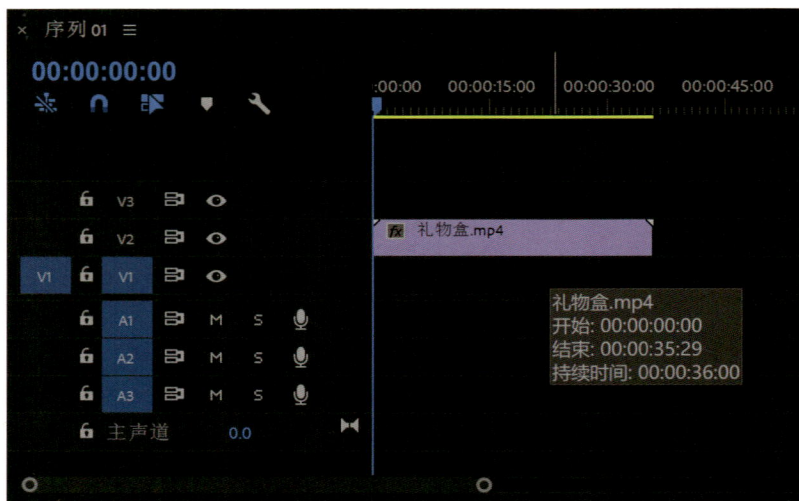

图 9-2-8

步骤8：取消视频素材的声音链接。将视频素材"圣诞树"按照同样的方式拖曳到序列的时间轴窗口中，在释放鼠标后，我们发现"圣诞树"的原素材是有声音链接的，因此我们要在时间轴上选择该素材，单击鼠标右键，选择"取消链接"命令。然后按键盘上的"Delete"键将断开链接的音频文件删除，如图9-2-9所示。

图 9-2-9

步骤 9：为视频素材添加视频过渡。执行命令"① 窗口 > ② 效果"。打开效果面板，单击"视频过渡"文件夹前面的三角形按钮，将其展开，然后展开"划像"按钮并选择"交叉划像"，如图 9-2-10 所示。

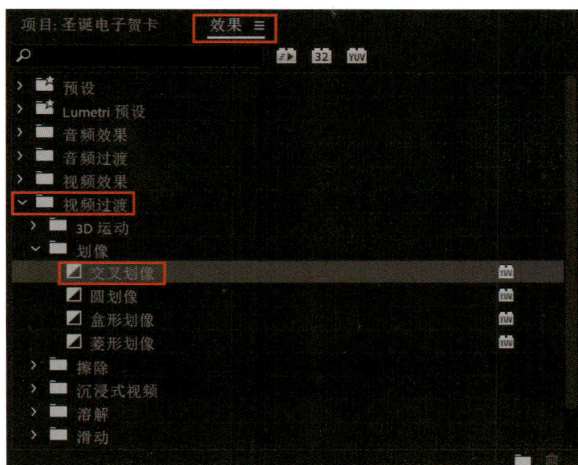

图 9-2-10

步骤 10：按下"+"键放大时间轴窗口中时间标尺的单位比例。使用鼠标左键拖曳"交叉划像"命令，将其拖动到时间轴窗口中素材"礼物盒"和"圣诞树"相交的位置，在释放鼠标后，即可在它们之间添加过渡效果，如图 9-2-11 所示。

图 9-2-11

步骤 11：执行命令"① 窗口 > ② 效果控件"或按下"Shift+5"快捷键，打开效果控件面板，设置过渡效果发生在素材之间的对齐方式为"中心切入"，如图 9-2-12 所示。

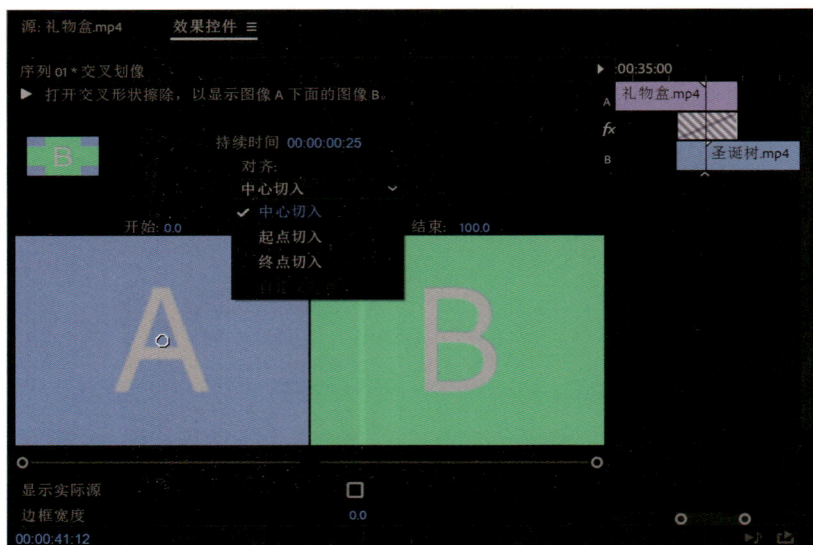

图 9-2-12

步骤 12：添加视频字幕。单击工具栏中的"文字工具"，在视频中单击鼠标左键直接创建文字；使用"选择工具"调节文字位置；在"① 效果控件 > ② 文本"中设置文字颜色，如图 9-2-13 所示。

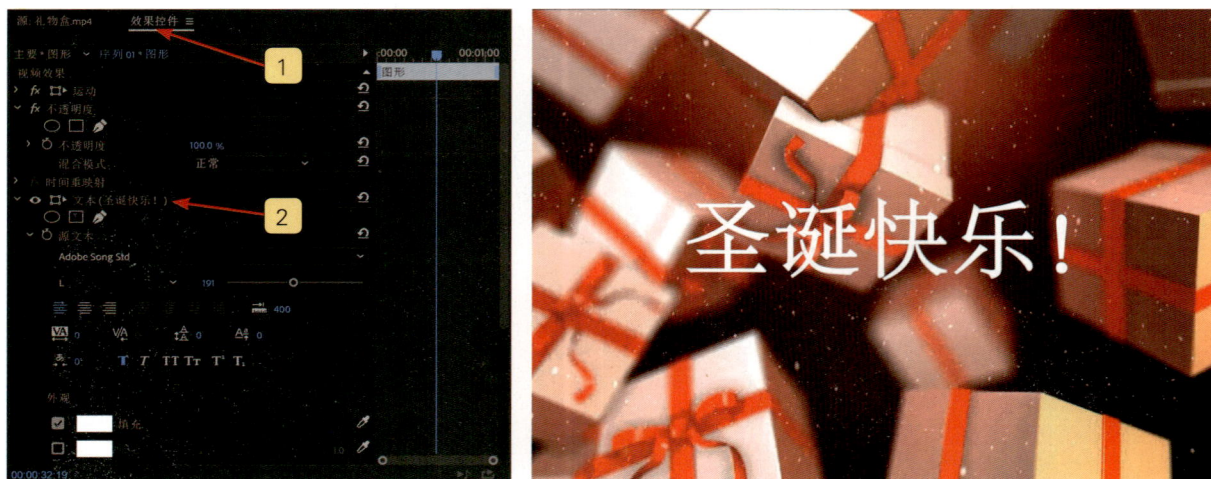

图 9-2-13

步骤 13：将音频素材"铃儿响叮当"在源监视器窗口中打开，在源监视器窗口中拖动时间指针或单击播放控制栏中的"播放/停止切换"按钮，可以播放预览音频内容，如图 9-2-14 所示。

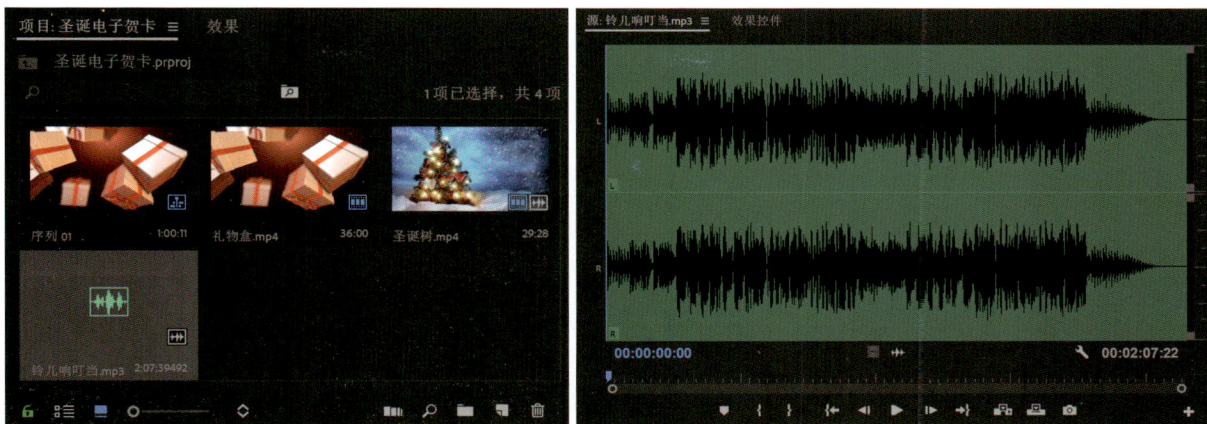

图 9-2-14

步骤 14：将音频文件添加到序列中。拖动音频素材"铃儿响叮当"，把音频文件拖曳到序列的音频轨道中，如图 9-2-15 所示。

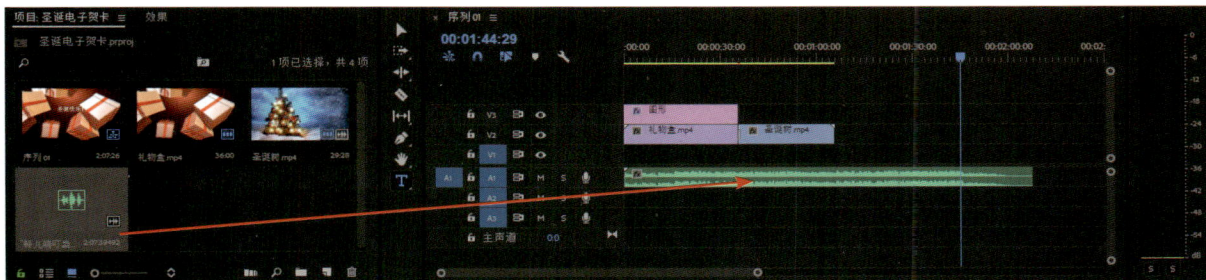

图 9-2-15

这时候我们发现视频的长度与音频的长度是不同的，音频的时间更长　所以这里我们把视频的时间调整到与音频时间基本相同的长度。在序列中选中视频文件，单击鼠标右键，选择"速度 / 持续时间"，把"礼物盒"和"圣诞树"两个文件的"速度"都调节成 50%。也可以使用快捷键"Ctrl+Alt"，直接拖动视频调节时间，让其视频与音频长度保持一致，如图 9-2-16 所示。

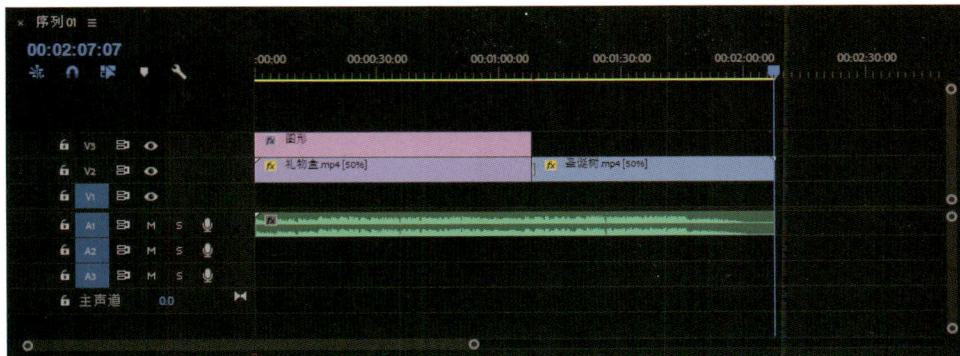

图 9-2-16

步骤15：预览编辑好的影片。在时间轴窗口或节目监视器窗口中，将时间指针定位在需要开始预览的位置，然后单击节目监视器窗口中的"播放/停止切换"按钮，对编辑完成的影片进行播放预览，如图9-2-17所示。

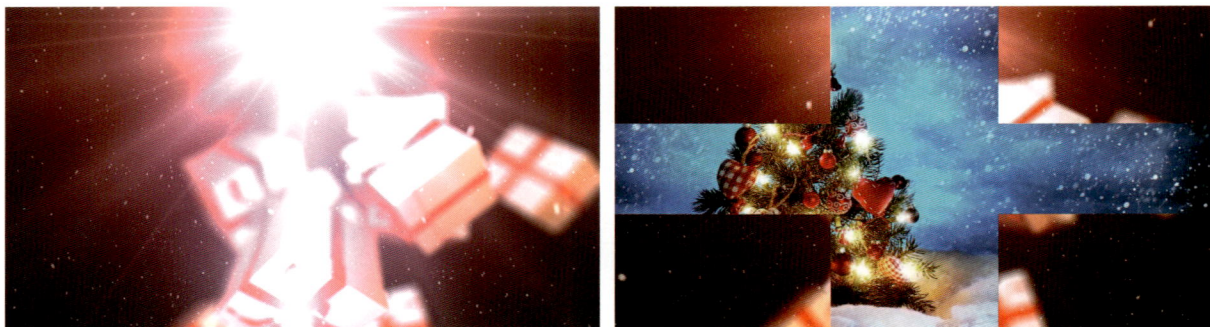

图9-2-17

步骤16：视频输出。输出是指将编辑好的项目文件渲染输出为视频文件的过程。执行命令"① 文件 > ② 导出 > ③ 媒体"，打开"导出设置"对话框，在"导出设置"选项中勾选"与序列设置匹配"复选项；单击"输出名称"后面的文字按钮，打开"另存为"对话框，在对话框中为输出的视频设置文件名和保存位置；单击"保存"按钮，输出视频，如图9-2-18所示。

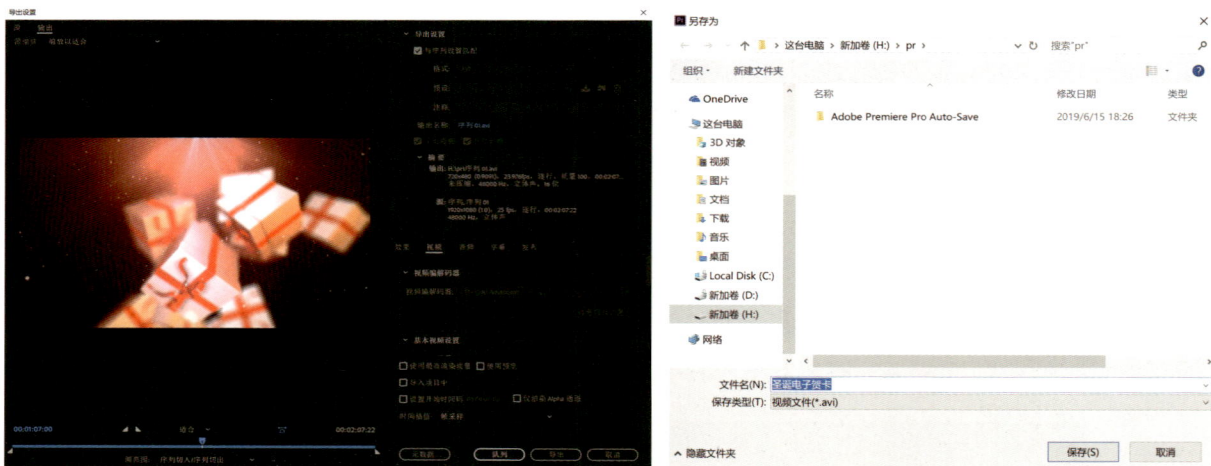

图9-2-18

思考与练习

通过对 Premiere Pro CC 2018 工作界面基本操作的学习与了解，在保证视频流畅的前提下，剪辑一段视频以巩固所学的知识。

第 10 章　Premiere 转场的应用

本章主要介绍在 Premiere Pro CC 2018 中如何对素材添加转场，以及添加转场后如何调整和应用。读者通过对本章的学习，可以认识并掌握各种视频转换的使用方法和规律。

★ 为素材添加转场

★ 各种转场的应用

★ 使用 Premiere Pro CC 2018 转场制作数字影集

镜头是构成影片的基本要求，在影片中，镜头的切换就是转场。有些时候，镜头简单的衔接就可以完成切换，这种最简单的方式被称为硬切；但有些时候，需要从一个镜头淡出并向第二个镜头淡入，这种方式被称为软切。Premiere Pro CC 2018 提供了多种转场的方式，可以满足各种镜头转换的需要。

第 1 节　转场的基本原理与操作

1.1 转场的基本原理

默认状态下，两个相邻素材片段之间的转换是采用硬切的方式，即后一个素材片段的入点帧紧接着前一个素材片段的出点帧，没有任何过渡。转场是为了让一段素材以某种特殊的形式转换到另一段素材而运用的过渡效果，即从上一个镜头的末尾画面到后一个镜头的开始画面之间加上中间画面，使上下两个画面以某种自然的形式过渡；也可以通过为相邻的素材片段施加转场，使其产生不同的过渡效果。

转场是指前一个素材逐渐消失的过程中后一个素材逐渐出现。这就需要素材之间有交叠的部分，即素材的入点和出点与起始点和结束点拉开距离，使用之间的额外帧作为转场的过渡帧。

1.2 添加转场

将转场从效果面板拖曳到时间轴面板中两段素材之间的切线上。需要指出的是，在两个素材之间添加转换特效时，一定要有足够的素材长度可以用来进行转换特效的应用，如图 10-1-1 所示。

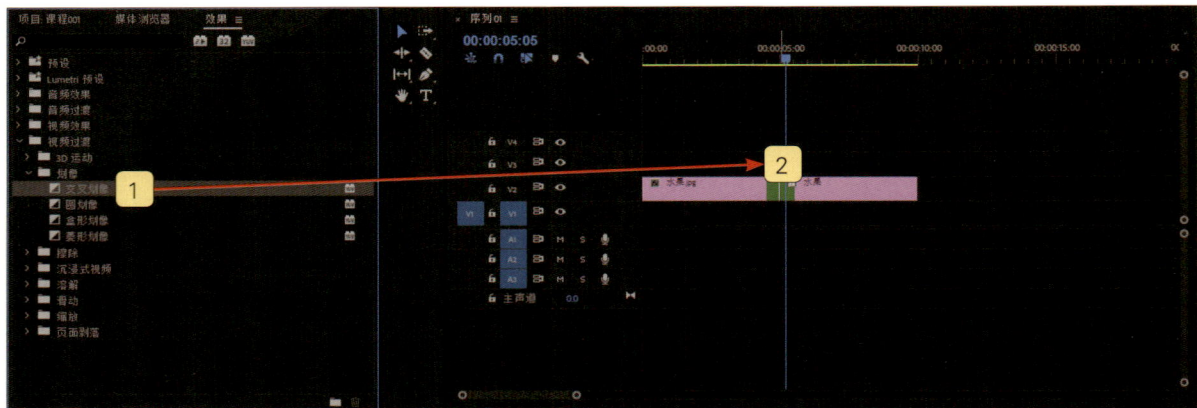

图 10-1-1

1.3 替换转场

当修改项目时，往往需要使用新的转场替换之前施加的转场。从效果面板中将所需的视频或者音频转场拖曳到序列中的原有转场上即可完成替换，如图 10-1-2 所示。

替换转场之后，其对齐方式和持续时间保持不变，而其他属性会自动更新为新转场的默认设置。

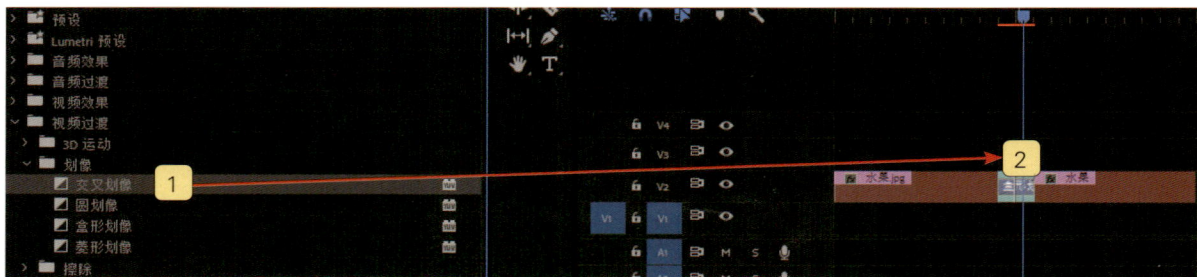

图 10-1-2

1.4 设置转场对齐

在时间轴面板中，直接对转场进行拖曳，将其拖放到一个新的位置，即可完成转场的对齐，如图 10-1-3 所示。

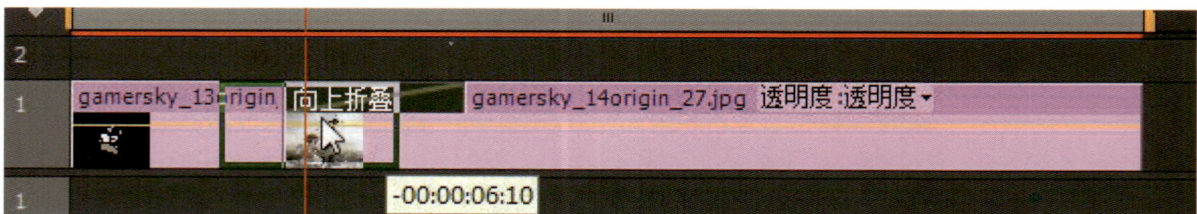

图 10-1-3

在特效控制台面板中，将鼠标指针放置在转场上，会出现滑动转场图标，随时拖曳即可对转场进行对齐，如图 10-1-4 所示。

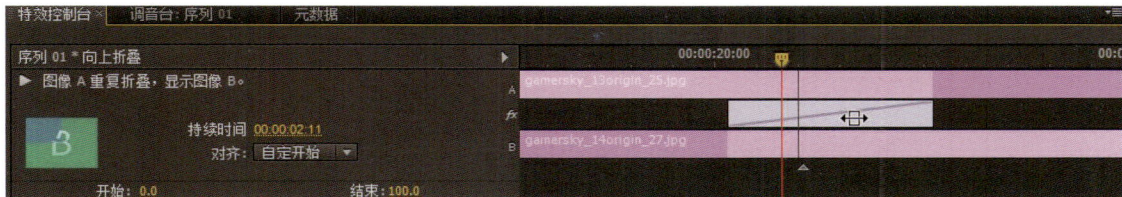

图 10-1-4

1.5 同时移动切线和转场

在特效控制台面板中，不但可以移动转场位置，还可以在移动转场位置的同时，相应地移动切线位置。

在特效控制台面板中，将鼠标指针放置在转场上标记切线的垂直线上，滑动转场图标会变为波纹编辑图标 ⚌，随需拖曳波纹编辑图标 ⚌ 可以同时移动切线和转场，如图 10-1-5 所示。

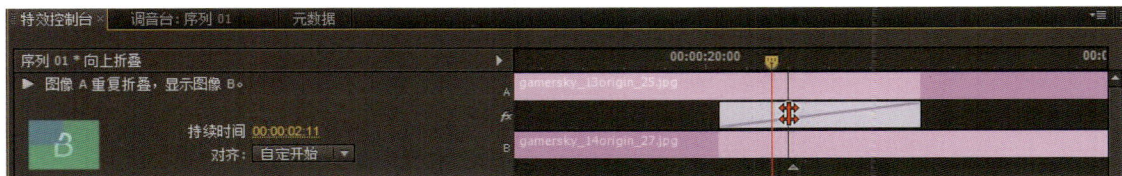

图 10-1-5

1.6 改变转场长度

可以在时间轴面板或特效控制台面板中对转场的长度进行编辑，增加转场的长度需要素材具备更多的额外帧。

在时间轴面板中，将鼠标指针放在转场的两端会出现剪辑入点图标 ⯈ 或者剪辑出点图标 ⯇，对其进行拖曳可以改变转场长度，如图 10-1-6 所示。

图 10-1-6

在特效控制台面板中，将鼠标指针放在转场的两端也会出现剪辑入点图标 ▶ 或者剪辑出点图标 ◀ ，对其进行拖曳也可以改变转场长度，如图 10-1-7 所示。

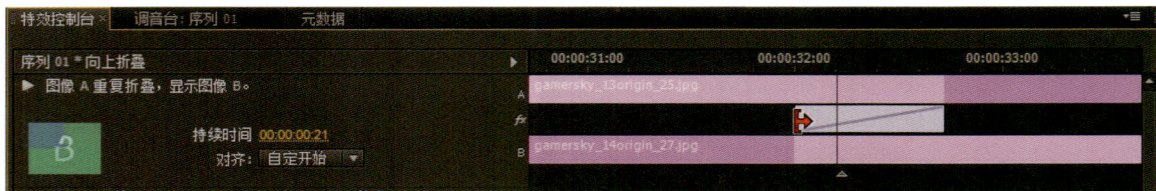

图 10-1-7

1.7 设置选项

使用特效控制台面板最主要的作用是通过设置选项，对转场的各种属性进行精确控制，如图 10-1-8 所示。在菜单栏中单击"窗口"→"特效控制台"命令，可以打开特效控制台面板。

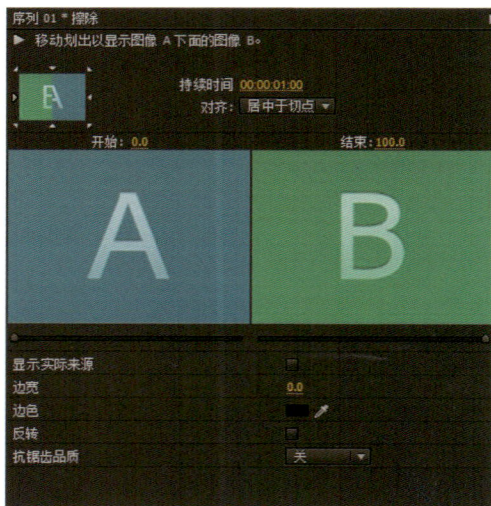

图 10-1-8

第 2 节 转场的应用

2.1 3D 运动

2.1.1 立方体旋转

此转换的效果是将视频素材 A 和视频素材 B 作为立方体的两个相邻面，如同一个立方体旋转般逐渐从一个面转到另一个面，如图 10-2-1 所示。

图 10-2-1

2.1.2 翻转

此转换的效果是将视频素材 A 水平翻转并逐渐缩小、消失，视频素材 B 随之出现，如图 10-2-2 所示。

图 10-2-2

2.2 划像

2.2.1 交叉划像

此转换的效果是将视频素材 B 以十字形在视频素材 A 上展开，如图 10-2-3 所示。

图 10-2-3

2.2.2 圆划像

此转换的效果是将素材 B 画面以圆形的形式在屏幕上逐渐放大，直至将素材 A 画面完全覆盖，其圆形的出现点和边框的某些属性可以在特效控制台面板中进行调整，如图 10-2-4 所示。

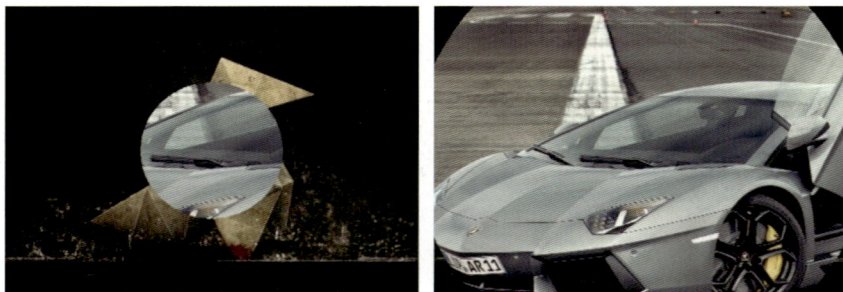

图 10-2-4

2.2.3 盒形划像

此转换的效果是视频素材 B 画面以矩形的形式在屏幕上由小变大，并逐渐覆盖视频素材 A 画面，如图 10-2-5 所示。

图 10-2-5

2.2.4 菱形划像

此转换是将视频素材 B 画面从屏幕中心以菱形的形式放大，并逐渐将视频素材 A 画面覆盖，如图 10-2-6 所示。

图 10-2-6

2.3 擦除

2.3.1 划出

此转换是将视频素材 B 逐渐擦除视频素材 A，如图 10-2-7 所示。

图 10-2-7

2.3.2 双侧平推门

此转换是将视频素材 B 以类似开门的方式逐渐将视频素材 A 的画面覆盖，如图 10-2-8 所示。

图 10-2-8

2.3.3 带状擦除

此转换是将视频素材 B 以水平、垂直或对角线呈条状逐渐擦除视频素材 A，如图 10-2-9 所示。

图 10-2-9

2.3.4 径向擦除

此转换是将视频素材 B 以斜线旋转的方式擦除视频素材 A，如图 10-2-10 所示。

图 10-2-10

2.3.5 插入

此转换是将视频素材 B 呈方形从视频素材 A 的一角插入，如图 10-2-11 所示。

图 10-2-11

2.3.6 时钟式擦除

此转换是将视频素材 B 以时钟转动方式逐渐擦除视频素材 A，如图 10-2-12 所示。

图 10-2-12

2.3.7 棋盘

此转换是将视频素材 B 以方格棋盘状逐渐显示，如图 10-2-13 所示。

图 10-2-13

2.3.8 棋盘擦除

此转换是将视频素材 B 呈方块形逐渐显示并擦除视频素材 A，如图 10-2-14 所示。

图 10-2-14

2.3.9 楔形擦除

此转换是将视频素材 B 从视频素材 A 的中心以楔形旋转划入，如图 10-2-15 所示。

图 10-2-15

2.3.10 水波块

此转换是将视频素材 B 以来回往复换行推进的方式擦除视频素材 A，如图 10-2-16 所示。

图 10-2-16

2.3.11 油漆飞溅

此转换是将视频素材 B 以类似油漆泼洒飞溅的方式逐块显示，从而擦除视频素材 A，如图 10-2-17 所示。

图 10-2-17

2.3.12 渐变擦除

此转换是将视频素材 B 以默认的灰度渐变形式，或依据选择的渐变图像中的灰度变化作为渐变过渡来擦除视频素材 A，如图 10-2-18 所示。

图 10-2-18

2.3.13 百叶窗

此转换是将视频素材 B 以百叶窗的方式逐渐展开，如图 10-2-19 所示。

图 10-2-19

2.3.14 螺旋框

此转换是将视频素材 B 以从外向内螺旋推进的方式出现，如图 10-2-20 所示。

图 10-2-20

2.3.15 随机块

此转换是将视频素材 B 以块状随机出现的方式擦除视频素材 A，如图 10-2-21 所示。

图 10-2-21

2.3.16 随机擦除

此转换是将视频素材 B 沿选择的方向呈随机块状方式擦除视频素材 A，如图 10-2-22 所示。

图 10-2-22

2.3.17 风车

此转换是将视频素材 A 以风车旋转的方式被擦除，显露出视频素材 B，如图 10-2-23 所示。

图 10-2-23

2.4 溶解

2.4.1 交叉溶解

此转换是将视频素材 A 与视频素材 B 同时淡化融合，如图 10-2-24 所示。

图 10-2-24

2.4.2 叠加溶解

此转换是将视频素材 A 和视频素材 B 进行亮度叠加的融合，如图 10-2-25 所示。

图 10-2-25

2.4.3 白场过渡

此转换是将视频素材 A 先淡出到白色背景中，再淡入显示出视频素材 B，如图 10-2-26 所示。

图 10-2-26

2.4.4 胶片溶解

此转换是将视频素材 A 逐渐变色为胶片反色效果并逐渐消失，同时视频素材 B 也由胶片反色效果逐渐显示并恢复正常颜色，如图 10-2-27 所示。

图 10-2-27

2.4.5 非叠加溶解

此转换是将视频素材 A 中的高亮像素溶入视频素材 B，排除两个图像中相同的色调，显示出高反差的静态合成效果，如图 10-2-28 所示。

图 10-2-28

2.4.6 黑场过渡

此转换是将视频素材 A 先淡出到黑色背景中，再淡入显示出视频素材 B，如图 10-2-29 所示。

图 10-2-29

2.5 滑动

2.5.1 中心拆分

此转换是将视频素材 A 从中心分裂成 4 块并滑动到角落直至消失，从而显示出底层视频素材 B，如图 10-2-30 所示。

图 10-2-30

2.5.2 带状滑动

此转换是将视频素材 B 以间隔的带状推入，逐渐覆盖视频素材 A，如图 10-2-31 所示。

图 10-2-31

2.5.3 拆分

此转换是将视频素材 A 向两侧分裂，显示出视频素材 B，如图 10-2-32 所示。

图 10-2-32

2.5.4 推

此转换是视频素材 B 推走视频素材 A，如图 10-2-33 所示。

图 10-2-33

2.5.5 滑动

此转换是视频素材 A 不动，视频素材 B 划入覆盖视频素材 A，如图 10-2-34 所示。

图 10-2-34

2.6 缩放

交叉缩放：此转换是将视频素材 A 放大到撑出画面，然后切换到放大同样比例的视频素材 B，视频素材 B 再逐渐缩小到正常比例，如图 10-2-35 所示。

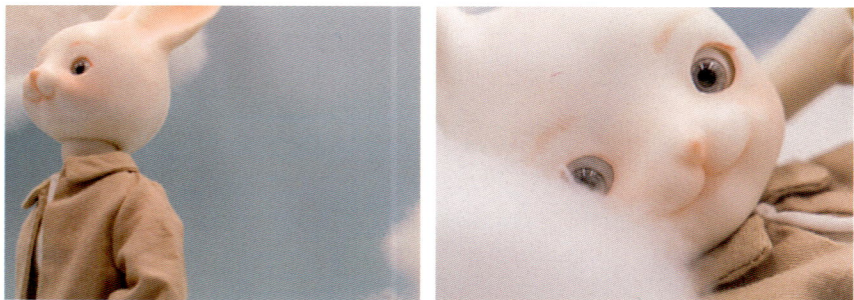

图 10-2-35

2.7 页面剥落

2.7.1 翻页

此转换是视频素材 A 以页角对折形式消失，显示出视频素材 B，如图 10-2-36 所示。

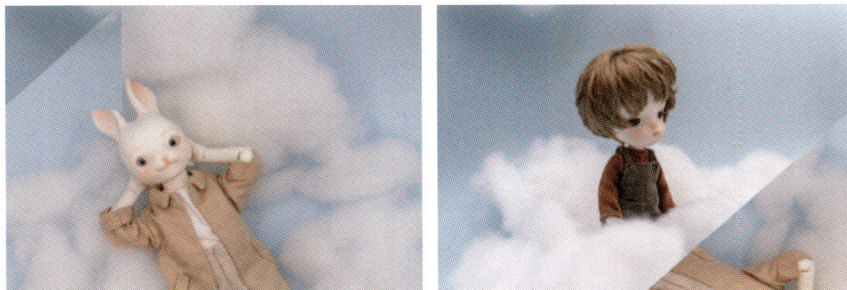

图 10-2-36

2.7.2 页面剥落

此转换是将视频素材 A 画面以翻页的形式从屏幕的一角卷起，从而将素材 B 画面显示出来，如图 10-2-37 所示。此转场也可以设置从不同的角度开始卷起。与翻页转换效果不同的是，这一转换当中视频素材 A 画面以不透明的方式显示。

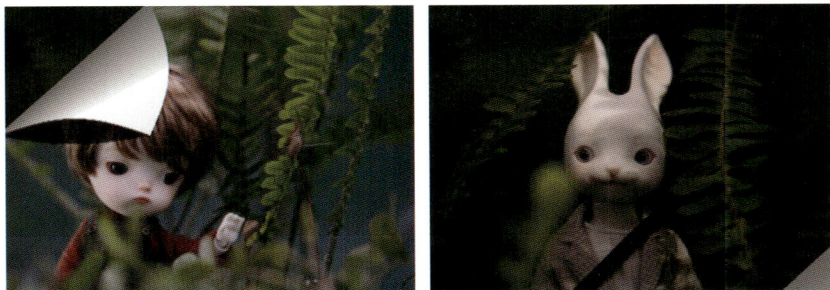

图 10-2-37

第 3 节　制作婚礼数字影集实例

步骤 1：运行 Premiere Pro CC 2018 程序后，执行命令"① 文件 > ② 新建 > ③ 项目"。单击"确定"，在新建项目窗口中选择创建一个视频格式，如图 10-3-1 所示。

步骤 2：在项目面板的空白位置点击右键，选择"导入"命令，此时就可以把婚礼数字影集需要的图片文件导入到 Premiere 中，如图 10-3-2 所示。

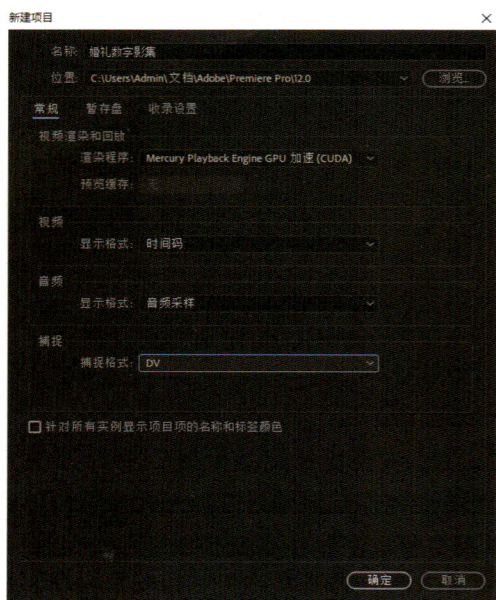

图 10-3-1

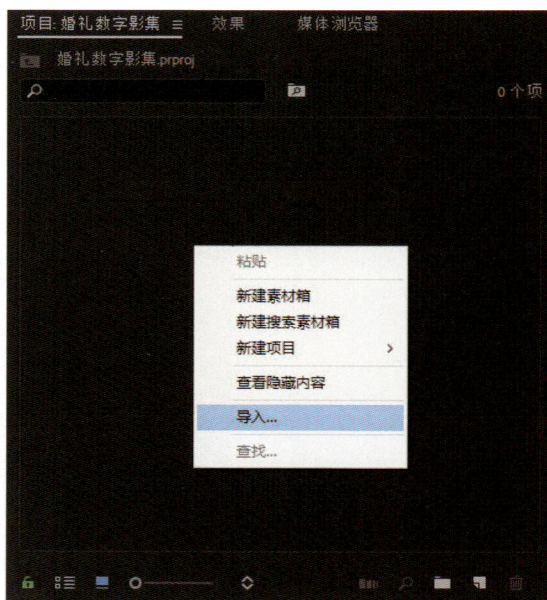

图 10-3-2

步骤 3：导入素材显示在项目面板中，如图 10-3-3 所示。

图 10-3-3

步骤 4：执行命令"① 文件 > ② 新建 > ③ 旧版标题"，创建文字素材，如图 10-3-4 所示；在打开的文字编辑窗口中输入文字，然后在右边的特效工具中设定文字的特效样式，如图 10-3-5 所示。关闭文字编辑窗口后会自动保留在项目面板中。

图 10-3-4

图 10-3-5

步骤 5：从项目面板中选中要添加到数字影集中的素材文件，依次将它们添加到时间轴上，如果第一个是标题文字，把上面制作的标题素材用鼠标拖曳到时间轴的视频轨道上（任选一个轨道）即可，如图 10-3-6 所示。

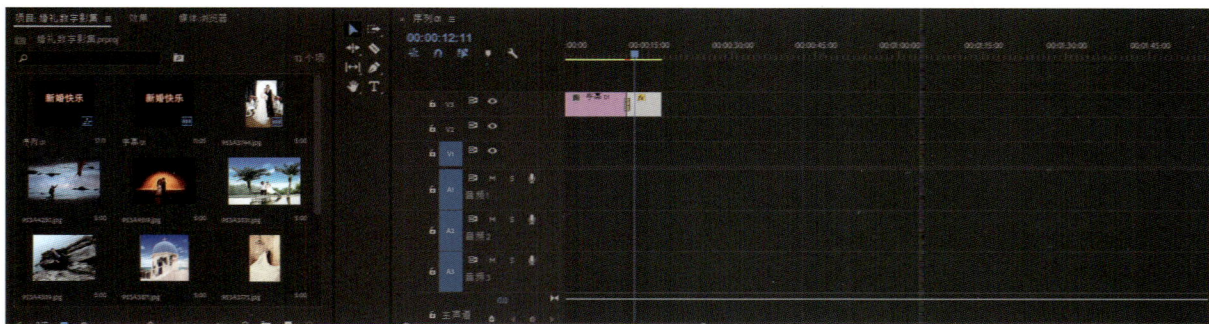

图 10-3-6

步骤 6：为数字影集的图片交接位置添加视频转场效果，在项目面板中把界面切换到效果界面，然后可以看到其中有"视频过渡"选项，下面有多种视频转场效果可供选择，将需要的视频转场效果添加到时间轴视频轨道的两个图片素材文件之间，如图 10-3-7 所示。

图 10-3-7

步骤 7：为数字影集每个图片添加视频特效效果，添加到时间轴视频轨道的图片素材文件上，并调整其特效效果，如图 10-3-8 所示。

图 10-3-8

　　步骤 8：现在一个简单的视频数字影集就制作完成了，我们可以在"节目监视器"预览面板中使用播放工具，查看一下相册效果。如要输出婚礼数字影集作品，可以选择"文件"菜单下的"导出"命令，然后选择"媒体"；设定输出文件保存的路径，修改格式等设置选项，单击"导出"即可，如图 10-3-9 所示。

图 10-3-9

《《思考与练习》》

　　通过对 Premiere Pro CC 2018 转场应用功能的学习与了解，运用所学知识制作一个个人电子简历。

第 11 章　Premiere 字幕应用

本章主要介绍 Premiere Pro CC 2018 字幕的制作，包括创建字幕、编辑字幕和创建运动字幕的方法。读者通过对本章的学习，可以灵活地掌握对字幕的编辑与应用，使素材更加生动。

★ 创建字幕

★ 编辑字幕

★ 创建运动字幕

创建与编辑字幕是影视编辑处理软件中的一项基本功能，可以在影视项目中添加字幕、提示文字、标题等。字幕除了可以帮助影片更完整地展现相关内容信息外，还可以起到美化画面、表现创意的作用。在 Premiere Pro CC 2018 中，主要通过旧版标题设计器面板中提供的各种文字编辑属性设置以及绘图功能进行文字的编辑。

第 1 节　旧版标题设计器面板概述

Premiere Pro CC 2018 提供了一个专门用来创建及编辑字幕的旧版标题设计器面板，执行命令"① 文件 > ② 新建 > ③ 旧版标题"即可打开。所有的文字编辑及处理都可以在该面板中完成。其功能强大，不仅可以创建各种各样的文字效果，而且能够绘制各种图形，这为用户的文字编辑工作提供了很大的方便。

Premiere Pro CC 2018 的旧版标题设计器面板主要由字幕属性栏、字幕工具栏、字幕动作栏、旧版标题属性子面板、字幕工作区和旧版标题样式子面板 6 个部分组成，如图 11-1-1 所示。

1.1 字幕属性栏

字幕属性栏主要用于设置字幕的运动类型、字体、加粗、斜体等，如图 11-1-2 所示。

▣ "基于当前字幕新建"按钮：单击该按钮，将弹出对话框，在该对话框中可以为字幕文件重新命名，如图 11-1-3 所示。

▣ "滚动/游动选项"按钮：单击该按钮，将弹出对话框，在该对话框中可以设置字幕的运动类型，如图 11-1-4 所示。

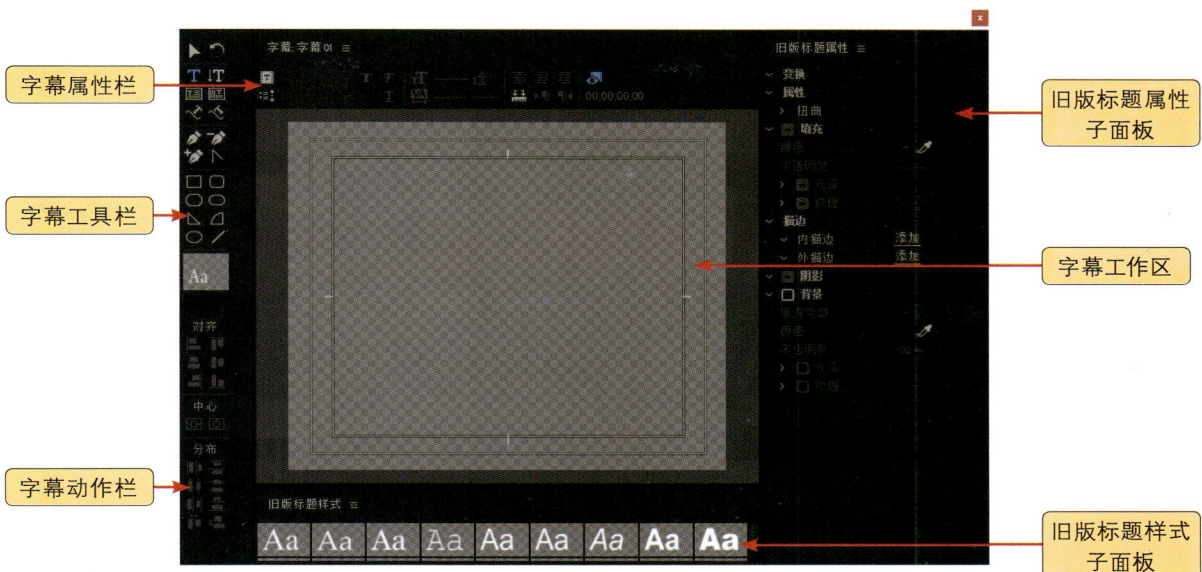

图 11-1-1

图 11-1-2

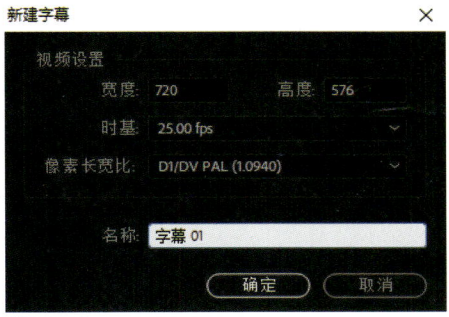

图 11-1-3

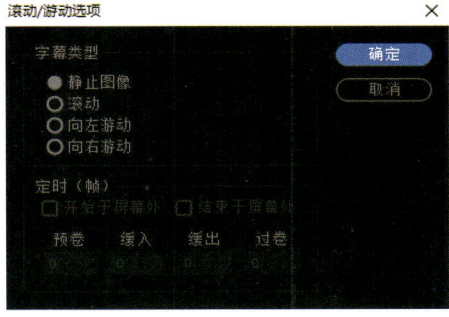

图 11-1-4

字幕属性栏

旧版标题属性子面板

字幕工具栏

字幕工作区

字幕动作栏

旧版标题样式子面板

Adobe A... ∨ "字体"列表：在此下拉列表中可以选择字体。

Regular ∨ "字体样式"列表：在此下拉列表中可以设置字形。

T "粗体"按钮：单击该按钮，可以将当前选中的文字加粗。

T "斜体"按钮：单击该按钮，可以将当前选中的文字倾斜。

T "下划线"按钮：单击该按钮，可以为文字添加下划线。

≡ "左对齐"按钮：单击该按钮，将所选对象进行左边对齐。

≡ "居中"按钮：单击该按钮，将所选对象进行居中对齐。

≡ "右对齐"按钮：单击该按钮，将所选对象进行右边对齐。

1.2 字幕工具栏

字幕工具栏提供了一些制作文字与图形的常用工具。利用这些工具，可以为影片添加标题及文本、绘制几何图形、定义文本样式等，如图 11-1-5 所示。按图中工具顺序解释如下。

■ "选择"工具：用于选择某个对象或文字。选中某个对象后，在对象的周围会出现带有 8 个控制手柄的矩形，拖曳控制手柄可以调整对象的大小和位置。

■ "旋转"工具：用于对所选中对象进行旋转操作。

■ "输入"工具：使用该工具，在字幕工作区单击即可创建文字，也可以对字幕工作区中输入的文字进行修改。

■ "垂直文字"工具：使用该工具，可以在字幕工作区中输入垂直文字。

■ "区域文字"工具：单击该按钮，在字幕工作区中可以拖曳文本框。

■ "垂直区域文字"工具：单击该按钮，可在字幕工作区中拖曳出垂直文本框。

■ "路径文字"工具：使用该工具，可先绘制一条路径，然后输入文字，且输入的文字平行于路径。

■ "垂直路径文字"工具：使用该工具，可先绘制一条路径，然后输入文字，且输入的文字垂直于路径。

■ "钢笔"工具：用于创建路径或调整使用平行或垂直路径工具所输入文字的路径。

■ "删除定位点"工具：用于在已创建的路径上删除定位点。

■ "添加定位点"工具：用于在已创建的路径上添加定位点。

■ "转换定位点"工具：用于调整路径的形状，将平滑定位点转换为角定位点，或将角定位点转换为平滑定位点。

■ "矩形"工具：使用该工具可以绘制矩形。

■ "圆角矩形"工具：使用该工具可以绘制圆角矩形。

■ "切角矩形"工具：使用该工具可以绘制切角矩形。

■ "圆矩形"工具：使用该工具可以绘制圆矩形。

■ "楔形"工具：使用该工具可以绘制三角形。

■ "弧形"工具：使用该工具可以绘制圆弧，即扇形。

■ "椭圆形"工具：使用该工具可以绘制椭圆形。

■ "直线"工具：使用该工具可以绘制直线。

图 11-1-5

1.3 字幕动作栏

字幕动作栏中的各个按钮用于快速地排列或者分布文字，如图 11-1-6 所示。按图中按钮顺序解释如下。

■ "水平靠左"按钮：以选中的文字或者图形的左垂直线为基准对齐。

■ "垂直靠上"按钮：以选中的文字或者图形的顶部水平线为基准对齐。

■ "水平居中"按钮：以选中的文字或者图形的垂直中心线为基准对齐。

■ "垂直居中"按钮：以选中的文字或者图形的水平中心线为基准对齐。

■ "水平靠右"按钮：以选中的文字或者图形的右垂直线为基准对齐。

■ "垂直靠下"按钮：以选中的文字或者图形的底部水平线为基准对齐。

■ "垂直居中"按钮：使选中的文字或者图形在屏幕上垂直居中。

■ "水平居中"按钮：使选中的文字或者图形在屏幕上水平居中。

■ "水平靠左"按钮：以选中的文字或者图形的左垂直线来分布文字或者图形。

■ "垂直靠上"按钮：以选中的文字或者图形的顶部线来分布文字或者图形。

■ "水平居中"按钮：以选中的文字或者图形的垂直中心线来分布文字或者图形。

■ "垂直居中"按钮：以选中的文字或者图形的水平中心线来分布文字或者图形。

■ "水平靠右"按钮：以选中的文字或者图形的右垂直线来分布文字或者图形。

■ "垂直靠下"按钮：以选中的文字或者图形的底部线来分布文字或者图形。

■ "水平等距间隔"按钮：以屏幕的垂直中心线来分布文字或者图形。

■ "垂直等距间隔"按钮：以屏幕的水平中心线来分布文字或者图形。

图 11-1-6

1.4 字幕工作区

字幕工作区是制作字幕和绘制图形的工作区，它位于"字幕"面板的中心。在工作区中有两个灰色的矩形线框，其中内线框是字幕安全框，外线框是字幕动作安全框，如图 11-1-7 所示。如果文字或者图像放置在动作安全框之外，那么一些 NTSC 制式的电视上这部分闪内容将不会被显示出来，即使能够显示，很可能会出现模糊或者变形现象，因此在创建字幕时最好将文字或者图像放置在安全框之内。

图 11-1-7

1.5 旧版标题样式子面板

在 Premiere Pro CC 2018 中，使用旧版标题样式子面板可以制作出令人满意的字幕效果。旧版标题样式子面板位于旧版标题设计器面板的中下部，其中包含了各种已经设置好的文字效果和多种字体效果，如图 11-1-8 所示。

如果要为一个对象应用预设的风格效果，只需选中该对象，然后在旧版标题样式子面板中单击要应用的风格效果即可，如图 11-1-9 所示。

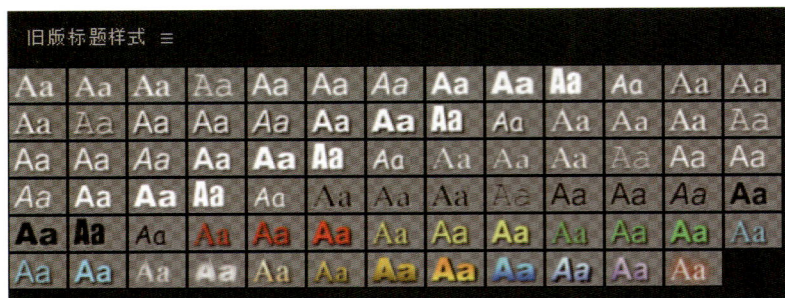

图 11-1-8

图 11-1-9

1.6 旧版标题属性子面板

在字幕工作区中输入文字后，可在位于旧版标题设计器面板右侧的旧版标题属性子面板中设置文字的具体属性参数。如图 11-1-10 所示，旧版标题属性子面板分为 6 个部分，分别为变换、属性、填充、描边、阴影和背景，各个部分的主要作用如下。

变换：可以设置对象的位置、高度、宽度、旋转角度和不透明度等相关的属性。

属性：可以设置对象的一些基本属性，如文本的大小、字体、字间距、行间距和字形等相关的属性。

填充：可以设置文本或者图形对象的颜色和纹理。

描边：可以设置文本或者图形对象的边缘，使边缘与文本或者图形主体呈现不同的颜色。

阴影：可以为文本或者图形对象设置各种阴影属性。

背景：设置字幕的背景色及背景色的各种属性。

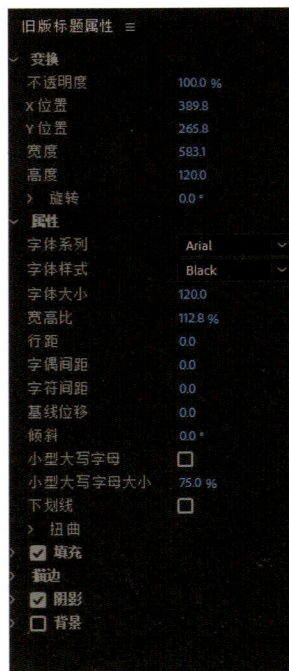

图 11-1-10

第 2 节　创建字幕文字对象

利用字幕工具栏中的各种文字工具,用户可以非常方便地创建出水平排列或者垂直排列的文字,也可以创建出沿路径排列的文字以及水平或者垂直段落文字。

2.1 创建水平或垂直排列文字

打开旧版标题设计器面板后,可以根据需要,利用字幕工具栏中的"输入"工具和"垂直文字"工具创建水平排列或者垂直排列的字幕文字。

步骤 1:在字幕工具栏中点击"输入"工具或者"垂直文字"工具,如图 11-2-1 所示。

图 11-2-1

步骤 2:在字幕工作区中单击并输入文字,如图 11-2-2 所示。

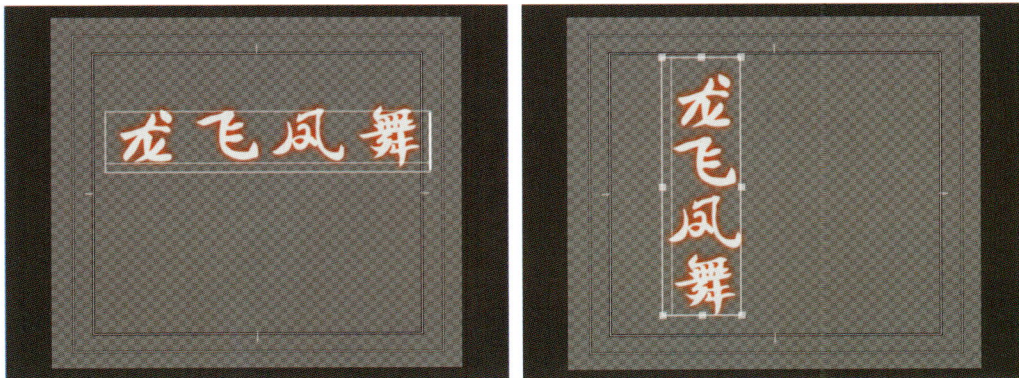

图 11-2-2

2.2 创建路径文字

利用字幕工具栏中的"路径文字"工具或者"垂直路径文字"工具可以创建路径文字。

步骤 1：在字幕工具栏中选择"路径文字"工具或者"垂直路径文字"工具。

步骤 2：移动鼠标指针到字幕工作区中，鼠标变为钢笔状，绘制曲线文本路径，如图 11-2-3 所示。

步骤 3：选择任意文字输入工具，在路径上单击并输入文字，如图 11-2-4 所示。

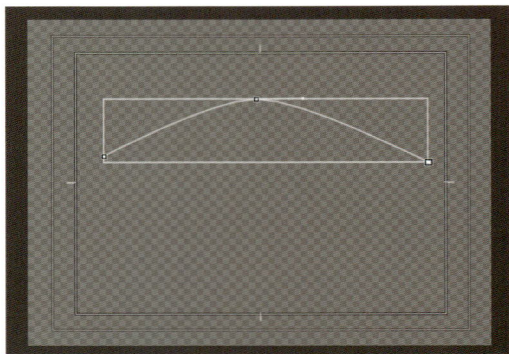

图 11-2-3

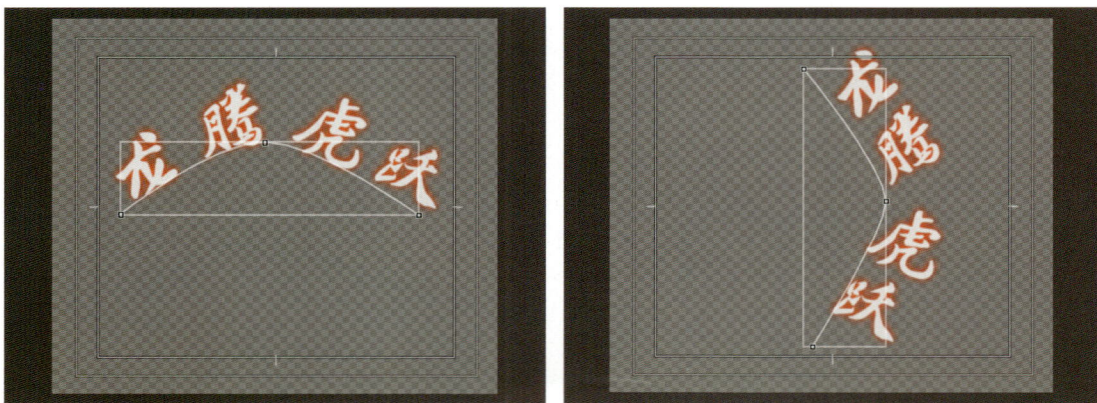

图 11-2-4

2.3 创建段落字幕文字

利用字幕工具栏中的"区域文字"工具或者"垂直区域文字"工具可以创建段落文本。

步骤 1：在字幕工具栏中选择"区域文字"工具或者"垂直区域文字"工具，在字幕工作区中按住左键不放拖曳出一个矩形框，如图 11-2-5 所示。

步骤 2：在矩形框中输入文字，如图 11-2-6 所示。

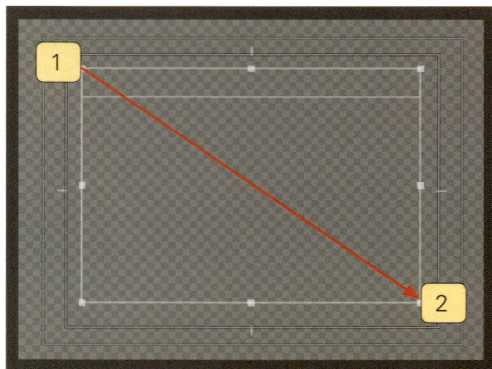

图 11-2-5

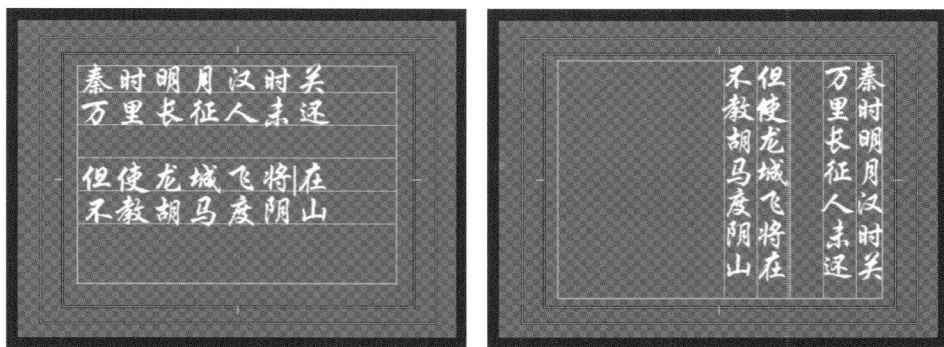

图 11-2-6

第 3 节　编辑与修饰字幕文字

3.1 文字对象的选择与移动

步骤 1：选择"选择"工具，使用鼠标左键单击要选择的字幕文本，此时字幕文字的四周会出现带有 8 个控制点的矩形框，如图 11-3-1 所示。

步骤 2：字幕文字处于选中状态下，按住鼠标左键不放进行拖曳实现文字对象的移动，如图 11-3-2 所示。

图 11-3-1

图 11-3-2

3.2 文字对象的缩放和旋转

步骤 1：选择"选择"工具，单击文字选中对象。

步骤 2：将鼠标指针移动到矩形框上任意一个点上，鼠标指针会变成箭头形状时，按住鼠标左键不放进行拖曳以实现缩放。如果按住"Shift"键的同时拖曳鼠标，可以实现等比例缩放，如图 11-3-3 所示。

步骤3：在文字处于选中的情况下选择"旋转"工具，按住鼠标左键不放进行拖曳以实现旋转，如图11-3-4所示。

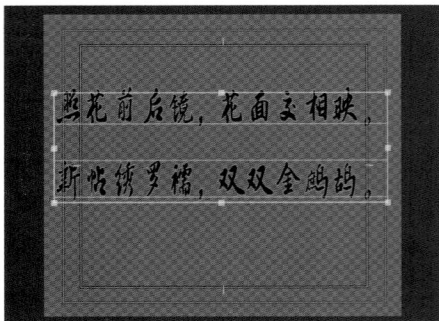

图 11-3-3

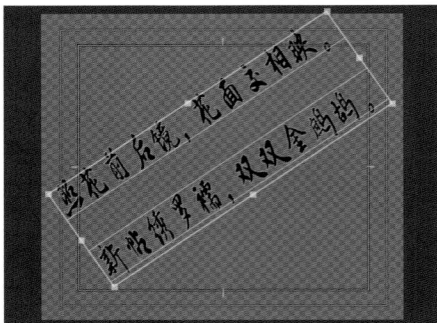

图 11-3-4

第4节　旧版标题属性设置

通过旧版标题属性子面板，可以方便地对字幕文字进行修饰，包括调整文字的位置、不透明度、字体、颜色和为文字添加阴影等。

4.1 变换设置

在旧版标题属性子面板的"变换"栏中可以对字幕文字或者图形的透明度、位置、高度、宽度以及旋转等属性进行操作，如图11-4-1所示。

不透明度：设置字幕文字或者图形对象的不透明度。

X位置/Y位置：设置文字在画面中所处的位置。

宽度/高度：设置文字的宽度、高度。

旋转：设置文字旋转的角度。

4.2 属性设置

在旧版标题属性子面板的"属性"栏中可以对字幕文字的字体、尺寸、外观、字距以及扭曲等一些基本属性进行设置，如图11-4-2所示。

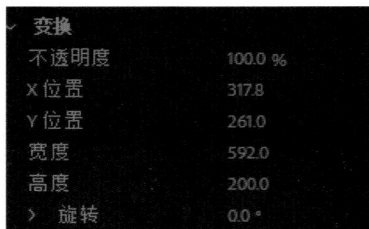

图 11-4-1

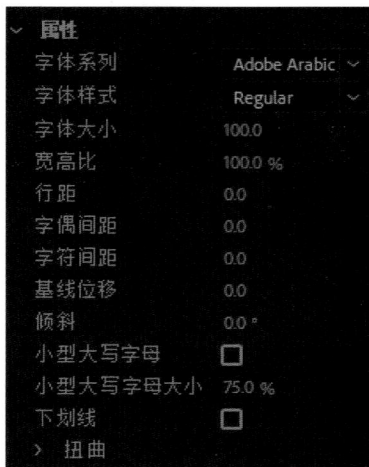

图 11-4-2

字体系列：在此选项右侧的下拉列表中可以选择字体系列，如图 11-4-3 所示。

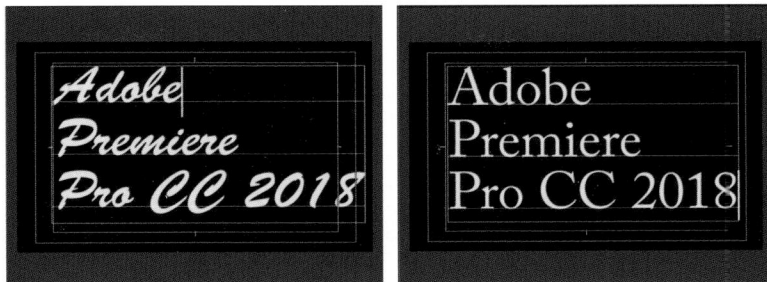

图 11-4-3

字体样式：在此选项右侧的下拉列表中可以设置字体类型，如图 11-4-4 所示。

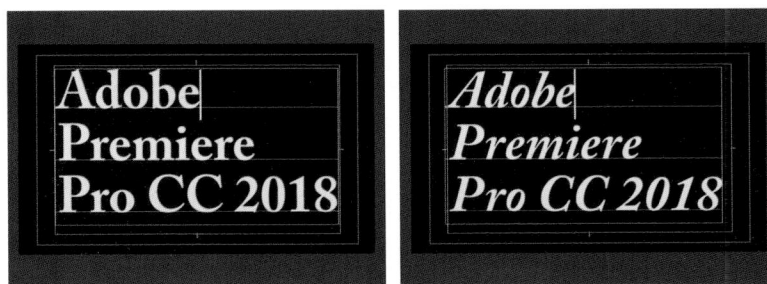

图 11-4-4

字体大小：设置文字的大小，如图 11-4-5 所示。

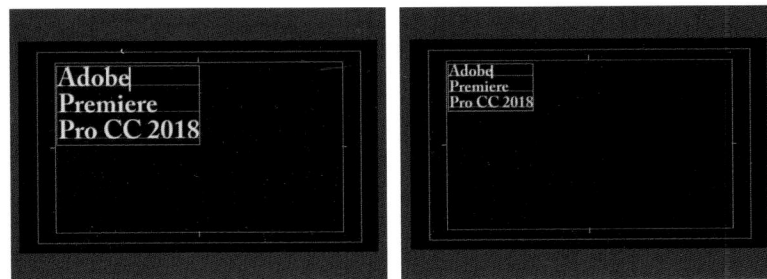

图 11-4-5

宽高比：设置文字在水平方向上进行比例缩放，如图 11-4-6 所示。

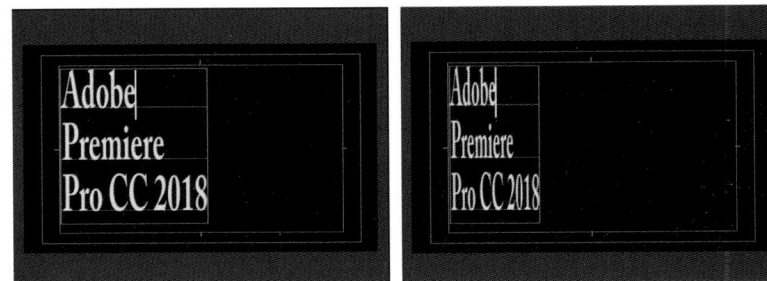

图 11-4-6

行距：设置文字的行间距，如图 11-4-7 所示。

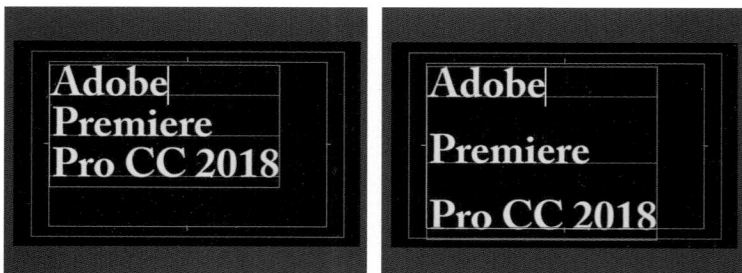

图 11-4-7

字偶间距：通过调整文字按钮或直接单击并输入数值，可以设置特定字符之间的间距，仅应用到当前光标左右的字符，如图 11-4-8 所示。

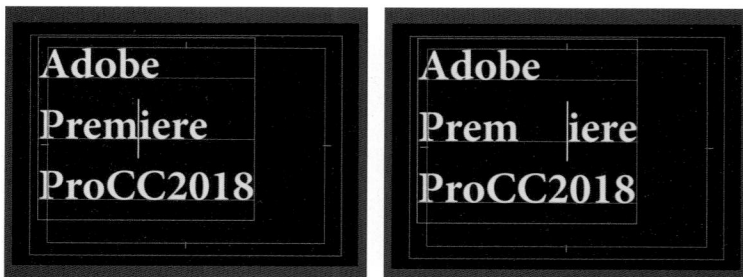

图 11-4-8

字符间距：通过调整文字按钮或直接单击并输入数值，可以设置文本字符间距，应用到当前选中的文本，如图 11-4-9 所示。

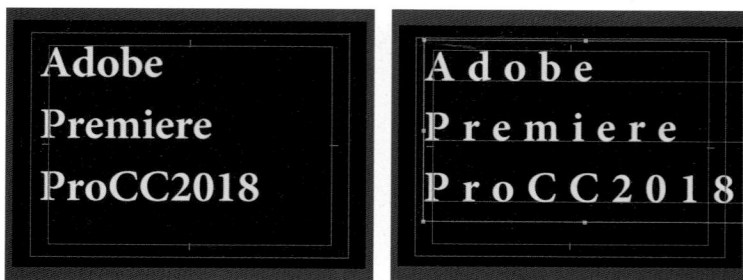

图 11-4-9

基线位移：设置文字偏离水平中心线的距离，如图 11-4-10 所示。

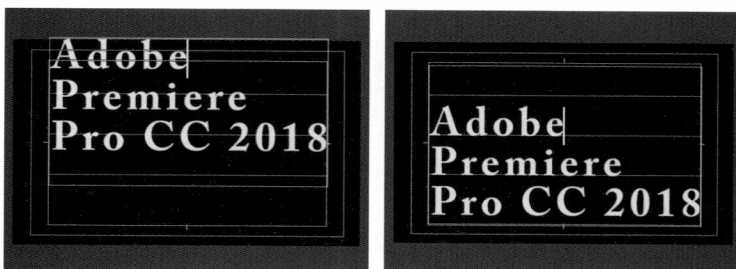

图 11-4-10

倾斜：设置文字的倾斜程度，如图 11-4-11 所示。

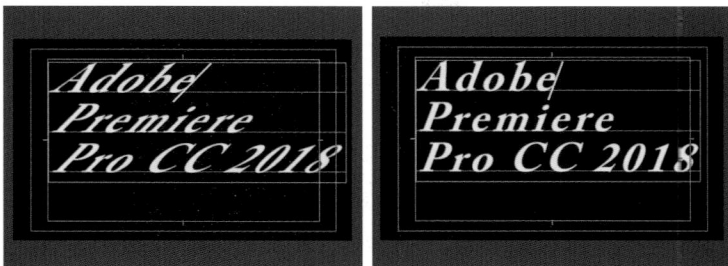

图 11-4-11

小型大写字母：勾选该复选框，可以将所选的小写字母变成大写字母。

小型大写字母大小：该选项配合"小型大写字母"选项使用，可以将显示的大写字母放大或缩小，如图 11-4-12 所示。

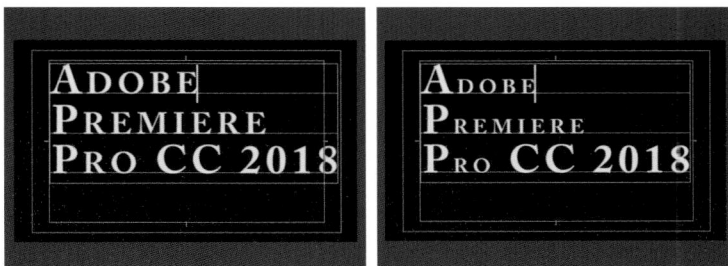

图 11-4-12

下划线：勾选此复选框，可以为文字添加下划线，如图 11-4-13 所示。

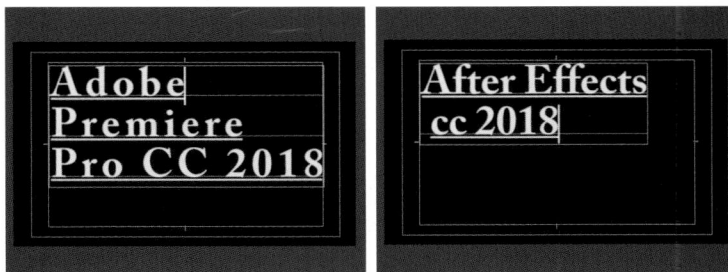

图 11-4-13

扭曲：用于设置文字在水平或垂直方向的变形，如图 11-4-14 所示。

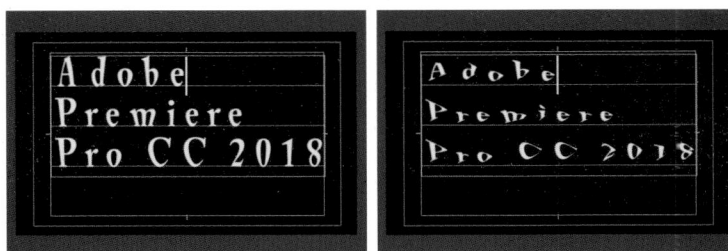

图 11-4-14

4.3 填充设置

在旧版标题属性子面板的"填充"栏中可以设置字幕文字或者图形的填充类型、颜色和不透明度等属性，如图 11-4-15 所示。

（1）填充类型：单击该选项右侧的下拉按钮，在弹出的下拉列表中可以选择需要填充的类型，如图 11-4-16 所示。

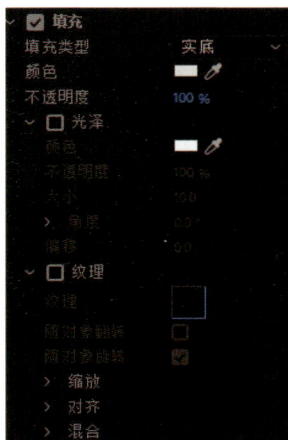

图 11-4-15

图 11-4-16

实底：使用一种颜色进行填充，这是系统默认的填充方式，如图 11-4-17 所示。

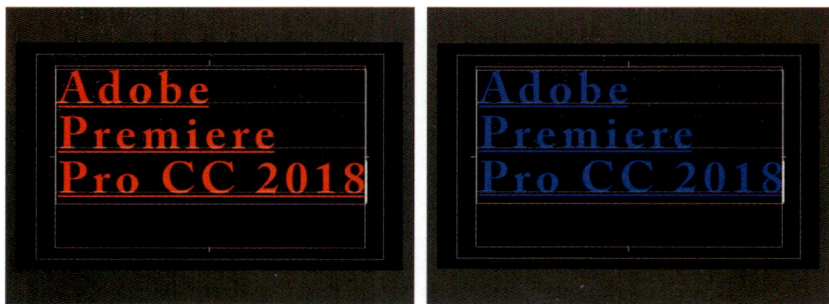

图 11-4-17

线性渐变：使用两种颜色进行线性渐变填充。当选择该选项进行填充时，"颜色"选项变为渐变颜色栏，分别单击选择一个颜色块，再单击"色彩到色彩"选项颜色块，在弹出的对话框中对渐变开始和渐变结束的颜色进行设置，如图 11-4-18 所示。

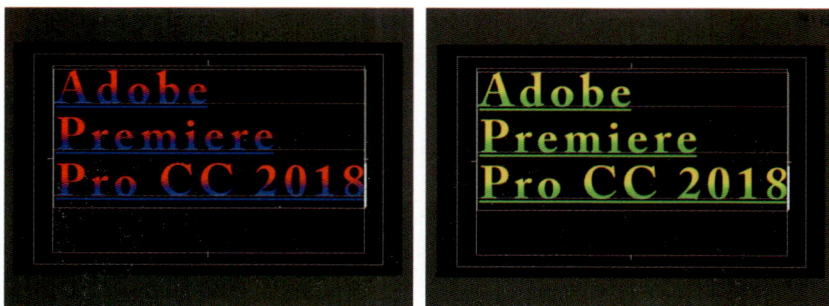

图 11-4-18

径向渐变：该填充方式与"线性渐变"类似，不同之处是"线性渐变"使用两种颜色的线性过渡进行填充，而"径向渐变"则使用两种颜色填充后产生由中心向四周辐射的过渡，如图 11-4-19 所示。

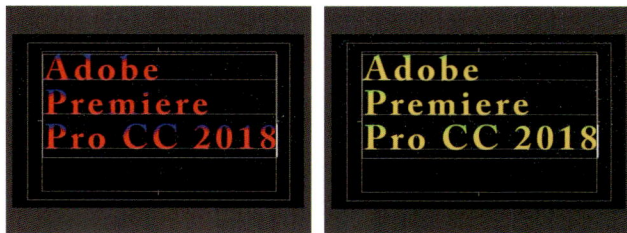

图 11-4-19

四色渐变：该填充方式使用 4 种颜色的渐变过渡来填充字幕文字或图形，每种颜色占据文本的一个角，如图 11-4-20 所示。

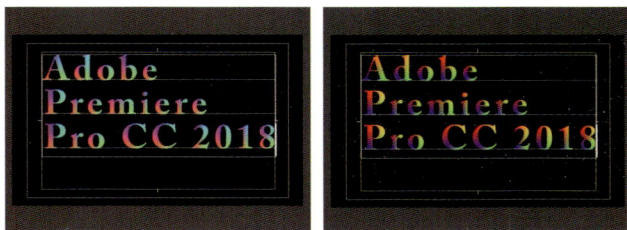

图 11-4-20

斜面：该填充方式使用一种颜色填充高光部分，另一种颜色填充阴影部分，再通过添加灯光应用可以使文字产生斜面，效果类似于立体浮雕，如图 11-4-21 所示。

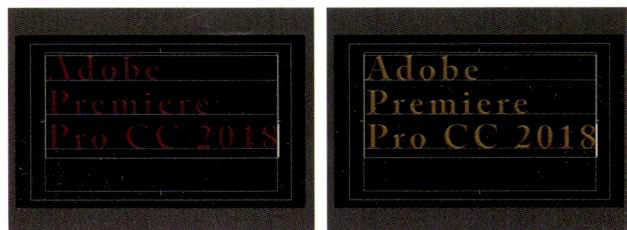

图 11-4-21

消除：该填充方式是将文字的实体填充的颜色消除，文字为完全透明。如果为文字添加了描边，采用该方式填充，则可以制作空心的线框文字效果；如果为文字设置了阴影，选择该方式则只能留下阴影的边框，如图 11-4-22 所示。

图 11-4-22

重影：该填充方式使填充区域变为透明，只显示阴影部分，如图 11-4-23 所示。

图 11-4-23

（2）光泽：该选项用于为文字添加辉光效果，如图 11-4-24 所示。

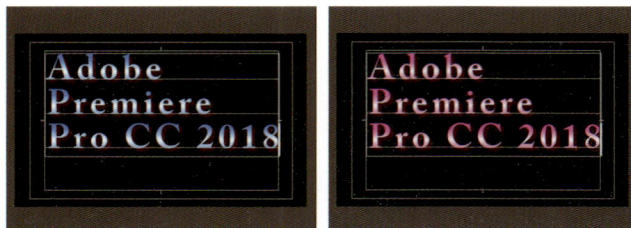

图 11-4-24

（3）纹理：使用该选项可以为字幕文字或者图形添加纹理效果，以增强文字或者图形的表现力，如图 11-4-25 所示。纹理填充的图像可以是位图，也可以是矢量图。

图 11-4-25

4.4 描边设置

描边栏主要用于设置文字或者图形的描边效果，可以设置内描边和外描边，如图 11-4-26 所示。

用户可以选择使用"内描边"或"外描边"，或者两者一起使用。应用描边效果，首先单击"添加"选项，添加需要的描边效果。两种描边效果的参数选项基本相同。应用描边效果后，可以在"类型"下拉列表中选择描边模式。

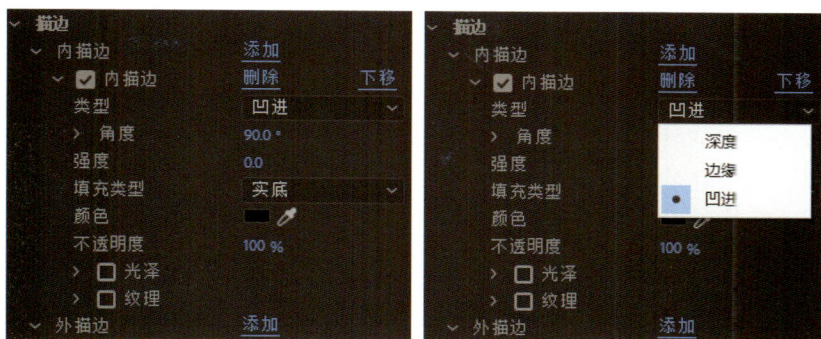

图 11-4-26

（1）深度：选择该选项后，可以在"大小"参数选项中设置边缘的宽度，在"颜色"参数选项中设定边缘的颜色，在"填充类型"下拉列表中选择描边的填充方式。效果如图 11-4-27 所示。

图 11-4-27

（2）边缘：选择该选项，可以使字幕文字或图形产生一个厚度，呈现立体字的效果，如图 11-4-28 所示。

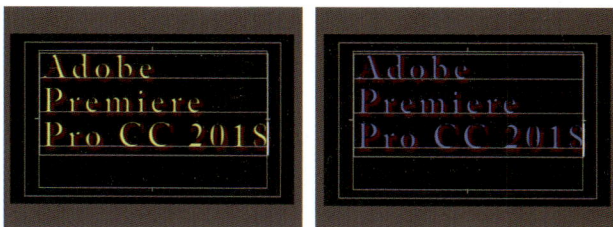

图 11-4-28

（3）凹进：选择该选项，可以使字幕文字或图形产生一个分离的面，类似于产生透视的投影，如图 11-4-29 所示。

图 11-4-29

4.5 阴影设置

阴影：用于添加阴影效果，如图 11-4-30 所示。

（1）颜色：设置阴影的颜色。单击该选项右侧的颜色块，在弹出的对话框中选择需要的颜色。

（2）不透明度：设置阴影的不透明度。

（3）角度：设置阴影的角度。

（4）距离：设置文字与阴影之间的距离。

（5）大小：设置阴影的大小。

（6）扩展：设置阴影的扩展程度。

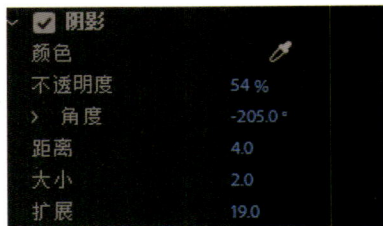

图 11-4-30

第 5 节　创建演员表实例

在观看电影时，经常会看到影片的开头和结尾都有滚动文字，显示导演与演员的姓名等，或者是影片中出现人物对白的文字。这些文字可以通过使用视频编辑软件添加到视频画面中。

步骤 1：执行命令"① 文件 > ② 新建 > ③ 旧版标题"，在弹出的"新建字幕"对话框中设置字幕名称，单击"确定"按钮，打开旧版标题设计器面板，如图 11-5-1 所示。

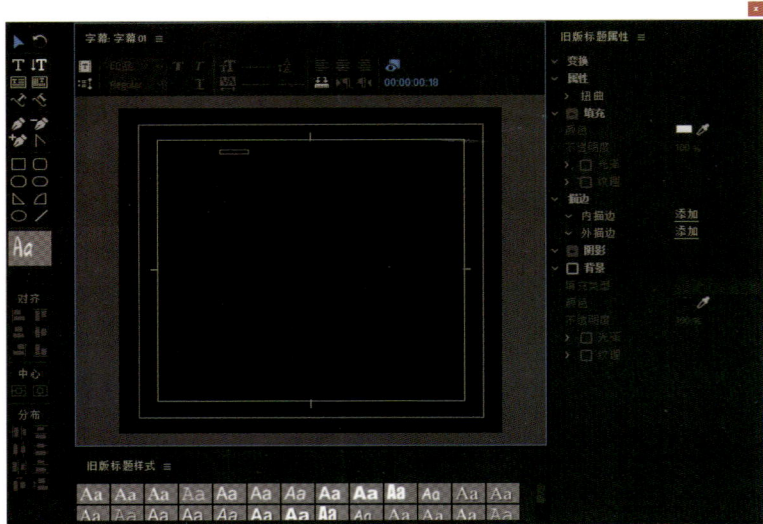

图 11-5-1

步骤 2：选择"输入"工具，在字幕工作区中按住鼠标左键不放拖曳出一个范围框，输入文字内容，并对文字属性进行相应的设置，如图 11-5-2 所示。

步骤 3：单击"滚动 / 游动选项"按钮，在弹出对话框中选中"滚动"选项，在"定时（帧）"栏勾选"开始于屏幕外"和"结束于屏幕外"复选框，单击"确定"，如图 11-5-3 所示。

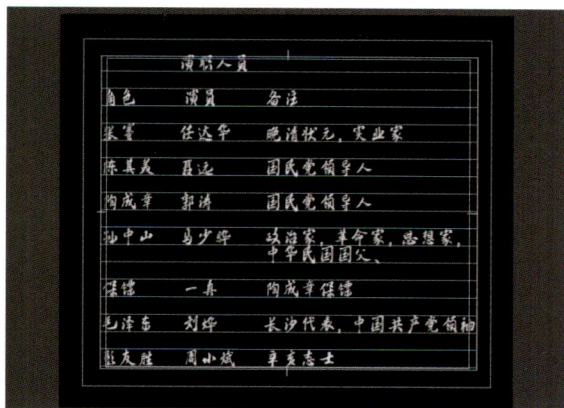

图 11-5-2

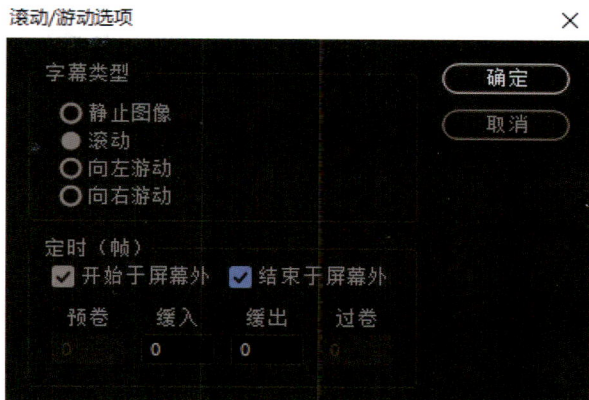

图 11-5-3

步骤 4：关闭旧版标题设计器面板，返回到工作界面，此时制作的字幕将会自动保存到项目窗口中。从项目窗口中将字幕拖曳到时间轴窗口中，即可预览字幕的垂直滚动效果，如图 11-5-4 所示。

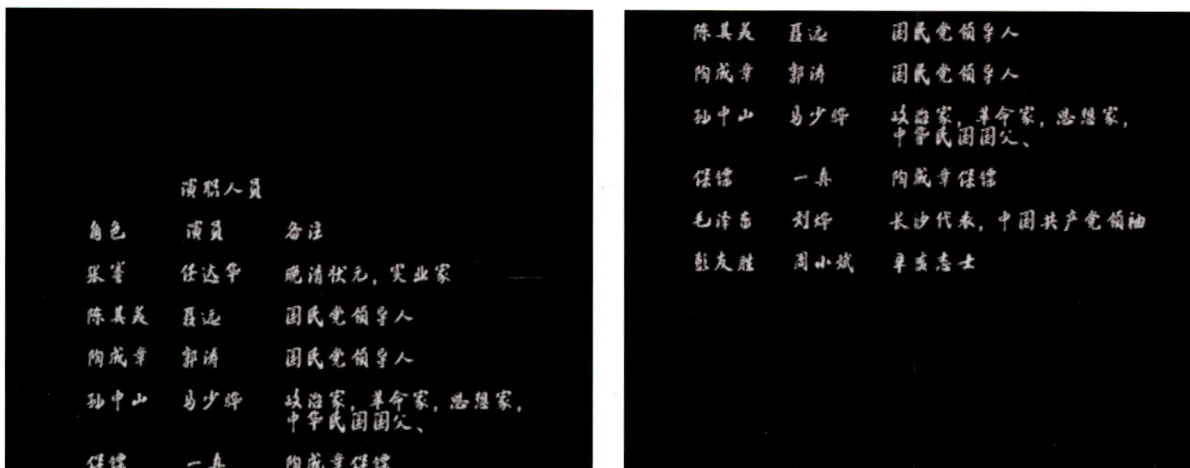

图 11-5-4

思考与练习

通过对 Premiere Pro CC 2018 字幕应用的学习与了解，找一个自己熟悉的影片添加字幕效果。

第 12 章　音频编辑技巧

本章要点

本章主要介绍在 Premiere Pro CC 2018 中音频内容的原理与编辑方法。读者通过对本章的学习，可以掌握音频轨道的关键帧技术，利用音轨混合器进行设置，并可以熟悉音频特效的添加与修改。

重点知识

★　音频轨道关键帧的用法

★　使用音轨混合器调节音频

★　音频特效的添加与使用

第 1 节　关于音频效果

Premiere Pro CC 2018 的音频功能十分强大，不仅可以编辑音频素材、添加音效、单声道混音、制作立体声和 5.1 环绕声，还可以使用时间轴窗口进行音频的合成工作。

在 Premiere Pro CC 2018 中可以很方便地处理音频，同时它还提供了一些处理方法，如声音的摇摆和声音的渐变等。

在 Premiere Pro CC 2018 中对音频素材进行处理主要有以下 3 种方式。

方法一：在时间轴窗口的音频轨道上通过修改关键帧的方式对音频素材进行操作，如图 12-1-1 所示。

方法二：使用右键点击素材，选择相应的菜单命令来编辑所选的音频素材，如图 12-1-2 所示。

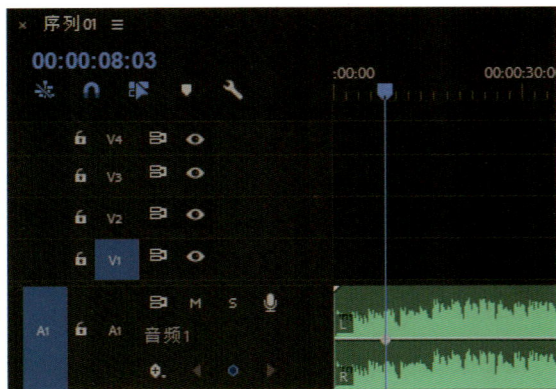

图 12-1-1

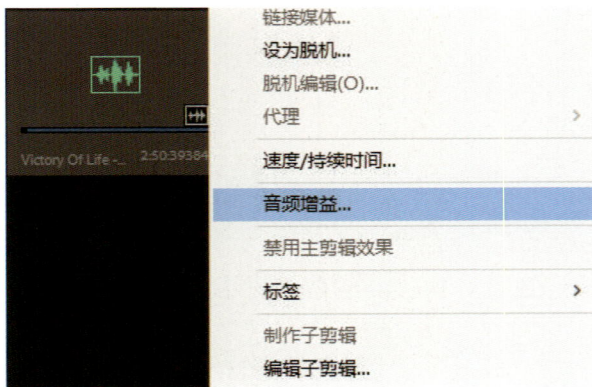

图 12-1-2

方法三：在"效果"面板中为音频素材添加"音频效果"来改变音频素材的效果，如图12-1-3所示。

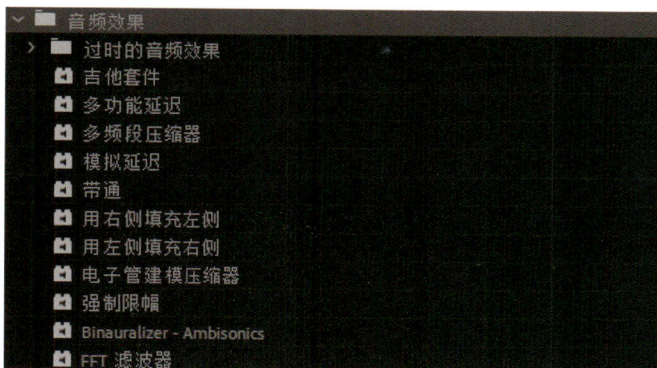

图 12-1-3

执行命令"① 编辑 > ② 首选项 > ③ 音频"，弹出"首选项"对话框，可以对音频素材的属性进行初始设置，如图 12-1-4 所示。

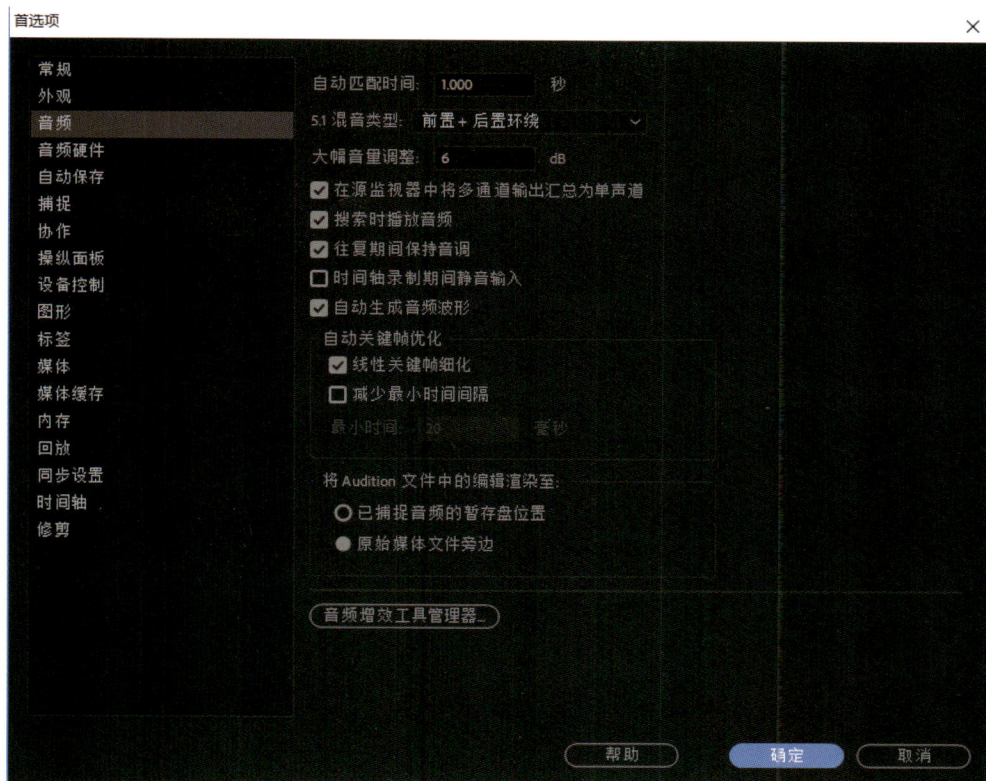

图 12-1-4

第 2 节　使用音轨混合器调节音频

Premiere Pro CC 2018 大大加强了其处理音频的能力，使用更加专业化。音轨混合器可以更加有效地调节节目的音频，如图 12-2-1 所示。

图 12-2-1

音轨混合器窗口可以实时混合时间轴窗口中各轨道的音频对象。用户可以在音轨混合器窗口中选择相应的音频控制器进行调节，该控制器调节它在时间轴窗口中对应的音频对象。

2.1 认识音轨混合器窗口

音轨混合器由若干个轨道音频控制器、主音频控制器和播放控制器组成。

2.1.1 轨道音频控制器

轨道音频控制器用于调节其相对应轨道上的音频对象，控制器 1 对应"音频 1"，控制器 2 对应"音频 2"，以此类推。轨道音频控制器的数目由时间轴窗口中的音频轨道数目决定，当在时间轴窗口中添加音频时，音轨混合器窗口中将自动添加一个轨道音频控制器与其对应。

轨道音频控制器由控制按钮、调节滑轮及调节滑杆组成。

（1）控制按钮：可以设置音频调节时的调节状态，如图 12-2-2 所示。

M "静音轨道" 按钮：该轨道音频设置为静音状态。

S "独奏轨道" 按钮：其他未选中独奏按钮的轨道音频会自动设置为静音状态。

R "启用轨道以进行录制" 按钮：可以利用输入设备将声音录制到目标轨道上。

（2）声道调节滑轮：如果对象为双声道音频，可以使用声道调节滑轮调节播放声道。向左拖曳滑轮，输出到左声道（L），可以增加音量；向右拖曳滑轮，输出到右声道（R），并使音量增大。声道调节滑轮如图 12-2-3 所示。

（3）音量调节滑杆：通过音量调节滑杆可以控制当前轨道音频对象的音量，Premiere Pro CC 2018 以分贝数显示音量。向上拖曳滑杆，可以增加音量；向下拖曳滑杆，可以减小音量。下方数值栏中显示当前音量。播放音频时，面板左侧为音量表，显示音频播放时的音量大小；音量表顶部的小方块显示系统所能处理的音量极限，当方块显示为红色时，表示该音频量超过极限，音量过大。音量调节滑杆如图 12-2-4 所示。

图 12-2-2

图 12-2-3

图 12-2-4

2.1.2 主音频控制器

使用主音频控制器可以调节时间轴窗口中所有轨道上的音频对象。主音频控制器的使用方法与轨道音频控制器相同。

2.1.3 播放控制器

播放控制器用于音频播放，使用方法与监视器窗口中的播放控制栏相同，如图 12-2-5 所示。

图 12-2-5

2.2 设置音轨混合器窗口

单击音轨混合器窗口右上方的按钮■，在弹出的快捷菜单中对窗口进行相关设置，如图 12-2-6 所示。

（1）显示/隐藏轨道：该命令可以对音轨混合器窗口中的轨道进行隐藏或显示设置。选择该命令，在弹出的对话框中会显示左侧的图标的轨道，如图 12-2-7 所示。

（2）循环：该命令被选定的情况下，系统会循环播放音乐。

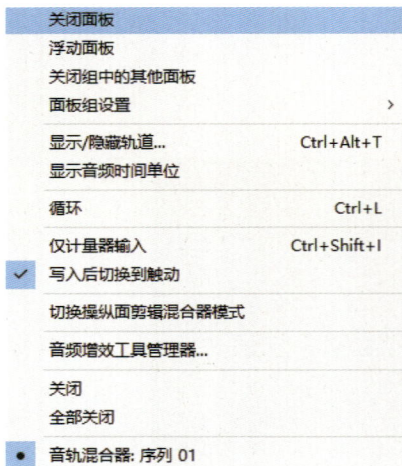

图 12-2-6

图 12-2-7

第 3 节 调节音频

时间轴窗口中每个音频轨道上都有音频淡化控制，用户可通过音频淡化器调节音频素材的电平。音频淡化器初始态为中低音量，相当于录音机表中的 0dB。

在 Premiere Pro CC 2018 中，用户可以通过淡化器调节工具或者音轨混合器调节音频的电平。

在 Premiere Pro CC 2018 中，对音频的调节分为 "素材" 调节和 "轨道" 调节。对素材调节时，音频的改变仅对当前的音频素材有效，删除素材后，调节效果就消失了；而轨道调节仅限于对当前音频轨道进行调节，所有在当前音频轨道上的音频素材都会在调节范围内受到影响。使用实时记录的时候，则只能针对音频轨道进行调节。

在音频轨道控制面板左侧单击按钮 ，在弹出的列表中选择音频轨道的显示内容，如图 12-3-1 所示。

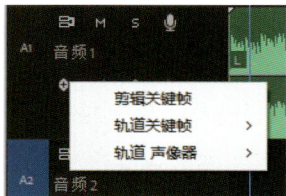

图 12-3-1

3.1 使用淡化器调节音频

选择 "轨道关键帧"，可以分别调节轨道的音量。

步骤 1：在默认情况下，音频轨道面板卷展栏关闭。单击卷展栏控制按钮 ，使其变为展开状态，即展开轨道。

步骤 2：选择 "钢笔" 工具 或 "选择" 工具 ，使用工具拖曳音频素材（或轨道）上的黄白线即可调整音量，如图 12-3-2 所示。

步骤 3：按住 Ctrl 键的同时将鼠标指针移动到音频淡化器上，指针将变为带有加号的箭头，如图 12-3-3 所示。

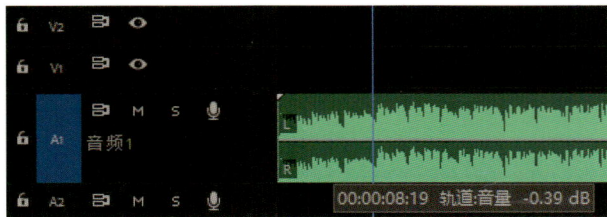

图 12-3-2

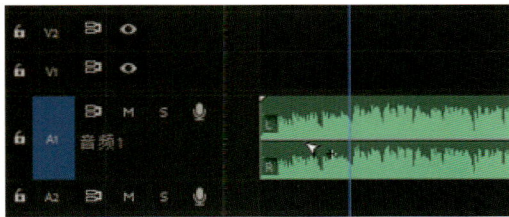

图 12-3-3

步骤 4：单击添加一个关键帧，用户可以根据需要添加多个关键帧。单击并按住鼠标上下拖曳关键帧，关键帧之间的直线指示音频素材是淡入或者淡出：一条递增的直线表示音频淡入，而一条递减的直线则表示音频淡出，如图 12-3-4 所示。

步骤 5：用鼠标右键单击素材，选择 "音频增益" 命令，在弹出的对话框中单击 "标准化所有峰值为" 选项，可以使音频素材自动匹配到最佳音量，如图 12-3-5 所示。

图 12-3-4

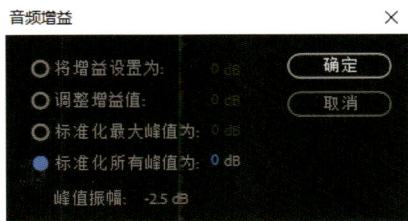

图 12-3-5

3.2 实时调节音频

使用 Premiere Pro CC 2018 的音轨混合器窗口调节音量非常方便，用户可以在播放音频时实时调节音量。使用音轨混合器调节音频电平的方法如下。

步骤 1：执行命令"① 窗口 > ② > 音轨混合器"。

步骤 2：在音轨混合器窗口上方需要进行调节的轨道上单击"读取"下拉列表框，在下拉列表中进行设置，如图 12-3-6 所示。

图 12-3-6

（1）关：选择该命令，系统会忽略当前音频轨道上的调节，仅按照默认设置播放。

（2）读取：选择该命令，系统会只读取当前音频轨道上的调节效果，但是不能记录音频调节过程。

（3）闭锁：当使用自动书写功能实时播放记录调节数据时，每调节一次，下一次调节时调节滑块会在上一次调节点之后的位置。当单击"播放 / 停止切换"按钮播放音频后，当前调节滑块会自动转为音频对象进行当前编辑前的参数值。

（4）触动：当使用自动书写功能实时播放记录调节数据时，每调节一次，下一次调节时调节滑块初始位置会自动转为音频对象进行当前编辑前的参数值。

（5）写入：当使用自动书写功能实时播放记录调节数据时，每调节一次，下一次调节时调节滑块会在上一次调节后的位置。在音轨混合器中激活需要调节轨自动记录状态下，一般情况选择"写入"即可。

步骤 3：单击"播放 / 停止切换"按钮，时间轴窗口中的音频素材开始播放。拖曳音量控制滑杆进行调节，调节完成后，系统会自动记录结果。

第 4 节　录音和子轨道

由于 Premiere Pro CC 2018 的音轨混合器提供了全新的录音和子轨道调节功能，因此可直接在计算机上完成解说或者配音的工作。

4.1 制作录音

使用录音功能，首先必须保证计算机的音频输入装置被正确连接。可以使用麦克风或者其他 MIDI 设备在 Premiere Pro CC 2018 中录音，录制的声音会成为音频轨道上的一个音频素材，还可以将这个音频素材输出保存为一个兼容的音频文件格式。

制作录音的方法如下。

步骤 1：激活要录制音频轨道的"激活录制轨"按钮 🎤。

步骤 2：激活录音装置后，上方会出现音频输入的设备选项，选择输入音频设备即可。

步骤 3：单击窗口下方的按钮 ▶，进行解说或者演奏即可；单击按钮，即可停止录音，当前音频轨道上出现刚才录制的声音。

4.2 添加与设置子轨道

添加与设置子轨道的方法如下。

步骤 1：单击音轨混合器窗口左侧的按钮 ，展开特效和子轨道设置栏， 上边的区域用来添加声音轨道特效轨道， 下边的区域用来添加音频子轨道。在子轨道的区域中单击小三角，会弹出子轨道下拉列表，如图 12-4-1 所示。

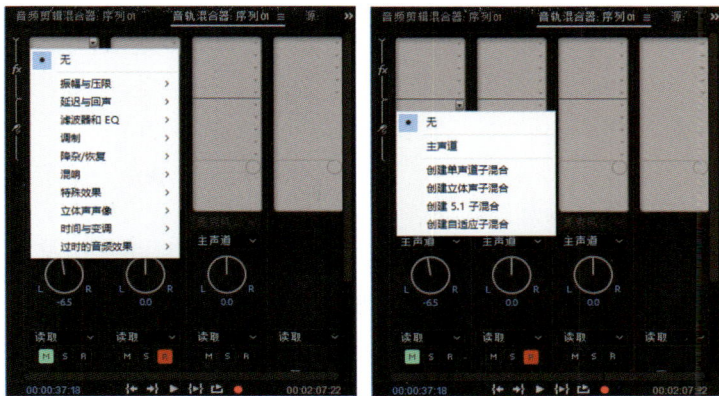

图 12-4-1

步骤 2：在下拉列表中选择添加的子轨道方式，可以添加一个单声道、立体声或者 5.1 声道的子轨道。选择子轨道类型后，即可为当前音频轨道添加子轨道。可以分别切换不同的子轨道进行调节控制，Premiere Pro CC 2018 提供了 5 个子轨道控制，如图 12-4-2 所示。

步骤 3：单击子轨道调节栏右上角图标，使其变为 状态，可以屏蔽当前子轨道。

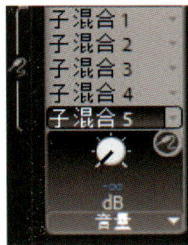

图 12-4-2

第 5 节　添加音频特效

Premiere Pro CC 2018 提供了大量的音频特效，可以通过特效产生回声、合声以及去除噪音的效果，还可以使用扩展的插件得到更多的控制。

5.1 为素材添加特效

音频素材的特效添加方法与视频素材的特效添加方法相同，这里不再赘述。可以在"效果"窗口中展开"音频效果"设置栏，分别在不同的音频模式文件夹中选择音频特效进行设置即可，如图 12-5-1 所示。

在"音频过渡"设置栏下，Premiere Pro CC 2018 为音频素材提供了简单的切换方式，如图 12-5-2 所示。为音频素材添加切换的方法与视频素材相同。

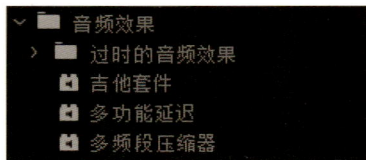

图 12-5-1

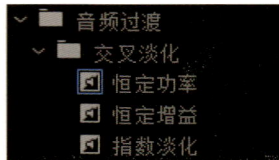

图 12-5-2

5.2 设置轨道特效

除了可以对轨道上的音频素材设置外，还可以直接对音频轨道添加特效。首先在音轨混合器窗口中展开目标轨道的特效设置栏，单击右侧设置栏上的小三角，弹出音频特效下拉列表，如图 12-5-3 所示，选择需要使用的音频特效即可。可以在同一个音频轨道上添加多个特效并分别控制，如图 12-5-4 所示。

图 12-5-3

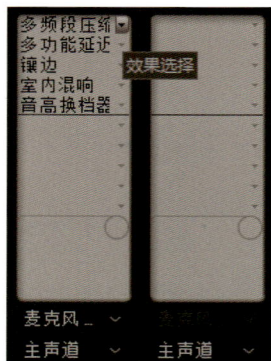

图 12-5-4

如果要调节轨道的音频特效，可以单击鼠标右键，在弹出的下拉列表中选择相应设置即可，如图 12-5-5 所示。在下拉列表中选择"编辑"命令，可以在弹出的特效设置对话框中进行更加详细的设置，如图 12-5-6 所示为详细调整窗口。

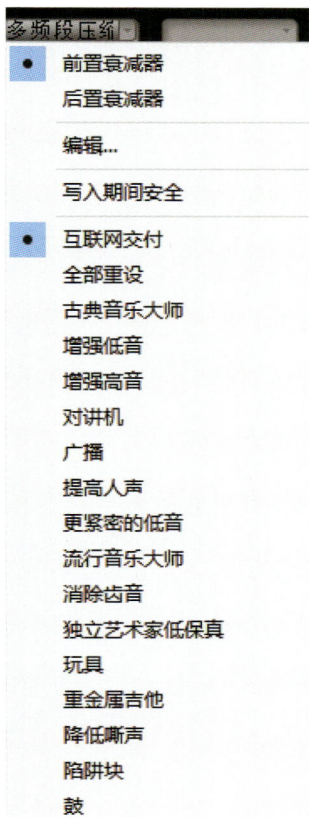

图 12-5-5

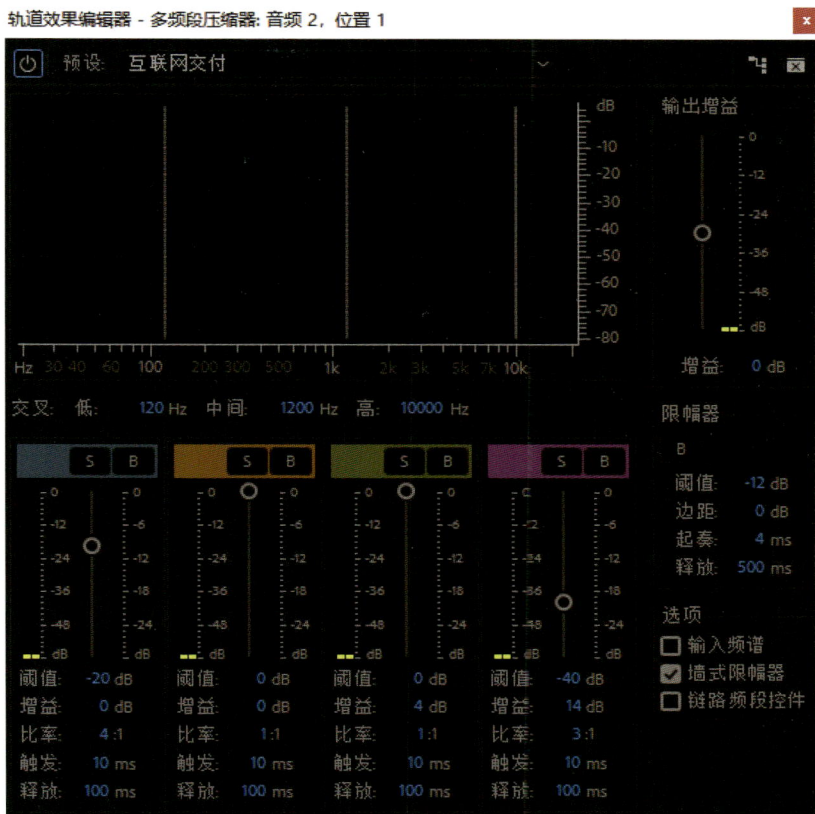

图 12-5-6

《《思考与练习》》

通过对音频编辑技巧的学习与了解，找一个自己熟悉的广告片为其重新添加音效。

第 13 章　Premiere 影片的输出

本章要点

本章主要介绍在 Premiere Pro CC 2018 中项目的各种格式的输出。读者通过对本章的学习，可以学会各种视频、图片或者音频的输出方式，了解编码格式，掌握常用的输出文件方法。

重点知识

- ★ 输出单帧图片
- ★ 输出音频
- ★ 输出完整影片
- ★ 输出序列

当完成对影片的编辑后，可以按照其用途输出为不同格式的文件，以便观看或作为素材进行再编辑。使用菜单命令"文件 > 输出"，可以在其子菜单中，按照需要选择输出途径。Premiere Pro CC 2018 提供了 Adobe Media Encoder，可以根据应用情况输出多种媒体格式。

第 1 节　输出文件格式概述

Premiere Pro CC 2018 可以根据输出文件的用途和发布媒介将素材或序列输出为所需的各种格式。其中包括影片的帧、用于电脑播放的视频文件、视频光盘、网络流媒体和移动设备视频文件等。Premiere Pro CC 2018 为各种输出途径提供了广泛的视频编码和文件格式。

对于高清格式的视频，提供了诸如 AVCHD、DVCPRO HD 或 DVCPRO 100、HDCAM、XDCAM HD 或 XDCAM EX、HDV、H.264、WM9 HDTV 和不压缩的 HD 等编码格式；对于网络下载视频和流媒体视频则提供了 Adobe Flash Video、QuickTime 和 Windows Media 等格式；此外，Adobe Media Encoder 还支持为 Apple iPod、3GPP 手机和 Sony PSP 等移动设备输出 H.264 格式的视频文件。

在 Premiere Pro CC 2018 中还可以直接输出的格式如下。

（1）AAF（Advanced Authoring Format）："高级制作格式"，是一种用于多媒体创作及后期制作、面向企业界的开放式标准。

（2）BMP（Windows Bitmap，仅 Windows）：Windows 操作系统中的标准图像文件格式。

（3）DPX（Digital Picture Exchange）：一种主要用于电影制作的格式。

（4）EDL（Edit Decision List）：编辑决策列表，是一个表格形式的列表。

（5）JPEG（Joint Photographic Experts Group）：以 24 位颜色存储单个光栅图像。

（6）OMF（Open Media Format）：是 intel 调试目标文件的格式。

（7）PNG（Portable Network Graphics）：可移植网络图形格式，是一种位图文件存储格式。

（8）TGA（Targa）：计算机上应用最广泛的图像文件格式，它支持 32 位。

（9）TIFF（Tagged Image File Format）：使扫描图像标准化。它是跨越 Mac 与 PC 平台最广泛的图像打印格式。

（10）XML（Final Cut Pro eXtensible Markup Language）：一种简单的数据存储语言，使用一系列简单的标记描述数据，而这些标记可以用方便的方式建立。虽然 XML 比二进制数据要占用更多的空间，但 XML 极其简单，易于掌握和使用。

此外，通过 Adobe Media Encoder，还可以拓展输出。在具体的文件格式方面，可以分别输出视频和动画、静止图片和图片序列以及音频格式。

视频和动画格式有：Animated GIF（仅 Windows），FLV，MPEG-4，P2（MXF），QuickTime Movie（MOV，在 Windows 中需要 QuickTime Player），Windows Media（WMV，仅 Windows），Video for Windows（AVI，仅 Windows）。

静止图片和图片序列格式有：Bitmap（BMP，仅 Windows），DPX，GIF（仅 Windows），JPEG，PNG，Targa（TGA），TIFF（TIF）。

音频格式有：Audio Interchange File Format（AIF，仅 Mac OS），MP3，Waveform（WAV），Advanced Audio Coding（AAC）。

第 2 节　影片实时预演

实时预演，也称实时预览，即平时所说的预览。

在时间轴窗口中将时间标记移动到需要预演的片段开始位置，如图 13-2-1 所示。在节目监视器窗口中点击"播放/停止切换"按钮，系统开始播放节目，在节目监视器窗口中预览节目的最终效果，如图 13-2-2 所示。

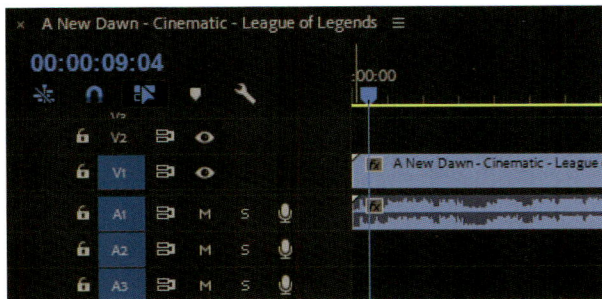

图 13-2-1

图 13-2-2

第3节　生成影片预演

与实时预演不同的是，生成影片预演不是使用显卡对画面进行实时预览，而是计算机的 CPU 对画面进行运算，先生成预演文件，然后再播放。因此，生成影片预演取决于计算机 CPU 的运算能力。生成影片预演播放画面是平滑的，不会产生停顿或者跳跃，所表现的画面效果和渲染输出的效果是完全一致的。

步骤 1：执行命令"① 序列 > ② 渲染入点到出点"，如图 13-3-1 所示；在弹出的"渲染"对话框中会显示渲染进度，如图 13-3-2 所示。

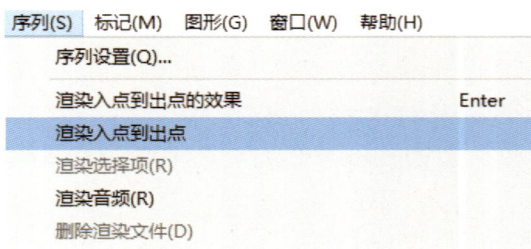

图 13-3-1

图 13-3-2

步骤 2：在"渲染"对话框中单击"渲染详细信息"选项，展开此选项区域，可以查看渲染的时间、磁盘剩余空间等信息，如图 13-3-3 所示。渲染结束后，系统将会自动播放该片段。

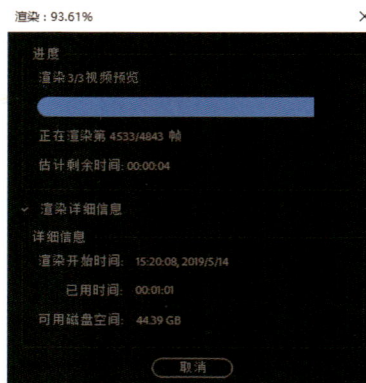

图 13-3-3

第4节　输出参数设置

虽然输出设置对话框的外观和调用的路径在各个应用软件中各不相同，但它的基本形式和功能是一致的。输出设置对话框中包含一个设置基本输出参数的区域和一个包含多个嵌入式标签面板的区域。标签面板所设置的内容由输出的文件格式决定。

4.1 输出选项

当输出一个影片文件用于网上传阅时，不像全屏显示和全帧速率的电视视频那样，而经常需要对其转换交错视频帧、裁切画面或施加一些特定的滤镜。"导出设置"对话框提供了这些功能。

"导出设置"对话框中包含一个图像显示区域，可以在源面板和输出面板间进行切换，以做对比。在源面板中显示源视频画面，可以对其进行裁切；而在输出面板中显示经过压缩处理后画面的帧尺寸、像素宽高比等属性。画面的下方有一个时间显示和时间标尺，其中包含一个当前时间指针，以指示时间轴上的时间。其他的面板根据输出格式的不同，包含各种编码设置，如图 13-4-1 所示。

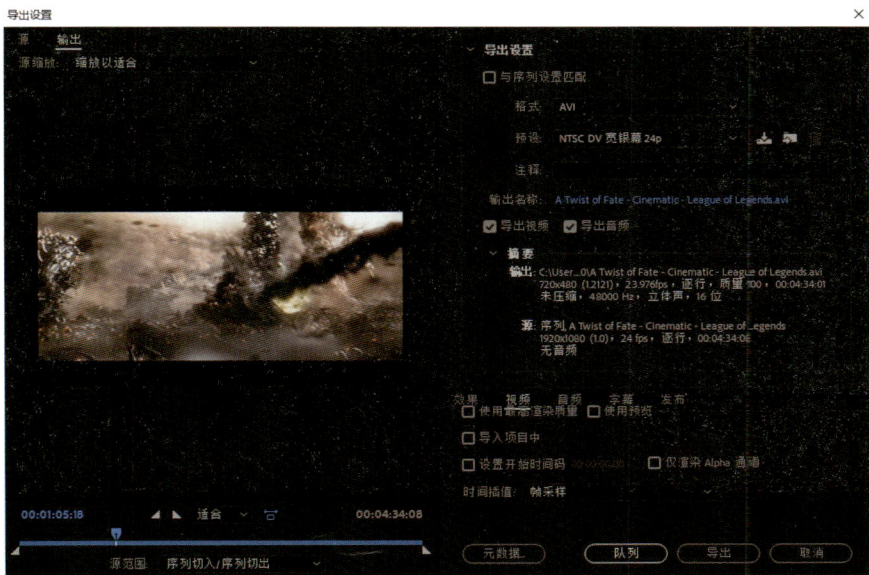

图 13-4-1

用户可以将输出的数字电影设置为不同的格式，以便适应不同的需要。在"格式"选项下拉列表中，可以输出的媒体格式如图 13-4-2 所示。

在 Premiere Pro CC 2018 中默认的输出文件类型或者格式主要有以下几种。

（1）如果要输出为基于 Windows 操作系统的数字电影，则选择 "AVI"（Windows 格式的视频格式）选项。

（2）如果要输出为基于 Mac OS 操作系统的数字电影，则选择"QuickTime"（MAC 视频格式）选项。

（3）如果要输出 GIF 动画，则选择"Animated GIF"选项，即输出的文件连续储存了视频的每一帧，这种格式支持在网页上以动画的形式显示，但不支持声音播放。若选择 "GIF" 选项，则只能输出单帧的静态图像序列。

（4）如果要输出为 WAV 格式的影片声音文件，则选择 "Windows Waveform" 选项。

勾选"导出视频"，可输出整个编辑项目的视频部分；若取消选择，则不能输出视频部分。勾选"导出音频"，可输出整个编辑项目的音频部分；若取消选择，则不能输出音频部分。

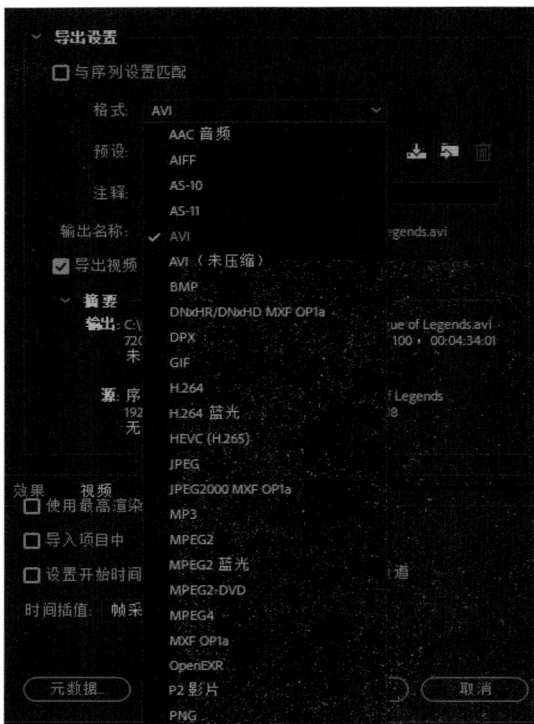

图 13-4-2

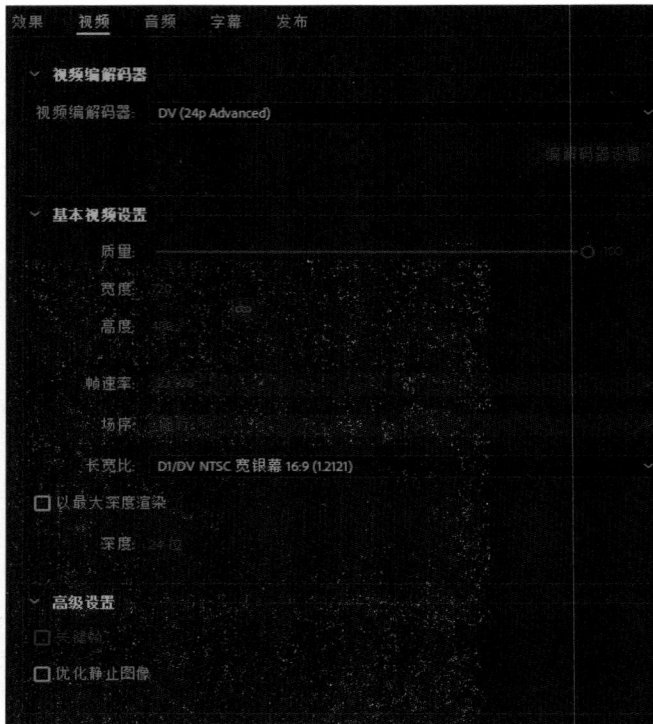

图 13-4-3

4.2 "视频"选项区域

在"视频"选项区域中，可以为输出的视频指定使用的格式、品质以及影片尺寸等相关的选项参数，如图 13-4-3 所示。

"视频编解码器"：通常视频文件的数据量很大，为了减少所占的磁盘空间，在输出时可以对文件进行压缩。在该选项的下拉列表中选择需要的压缩方式，如图 13-4-4 所示。

"质量"：设置影片的压缩品质，通过拖动质量的百分比来设置。

"宽度""高度"：设置影片的尺寸。

"帧速率"：设置每秒播放画面的帧数，提高帧速度会使画面播放速度流畅。如果将文件类型设置为 Microsoft DV AVI，那么 DV PAL 对应的帧速是固定的 29.97 和 25；如果将文件类型设置为 Microsoft AVI，那么帧速可以选择 1 ~ 60 的数值。

"场序"：设置影片的场扫描方式，有上场、下场和无场三种方式。

"长宽比"：设置视频制式的画面比。在该选项的下拉列表中选择需要的比例，如图 13-4-5 所示。

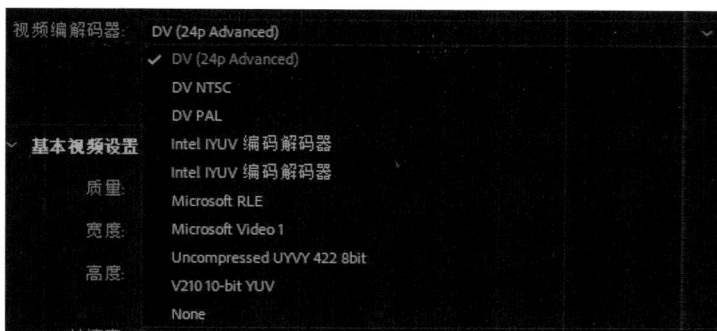

图 13-4-4

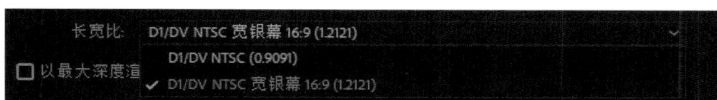

图 13-4-5

4.3　"音频"选项区域

在"音频"选项区域中，可以为输出的音频指定使用的压缩方式、采样速率以及量化指标等相关的选项参数，如图 13-4-6 所示。

"音频编解码器"：为输出的音频选择适合的压缩方式进行压缩。

"采样率"：设置输出节目音频时所使用的采样速率，如图 13-4-7 所示。

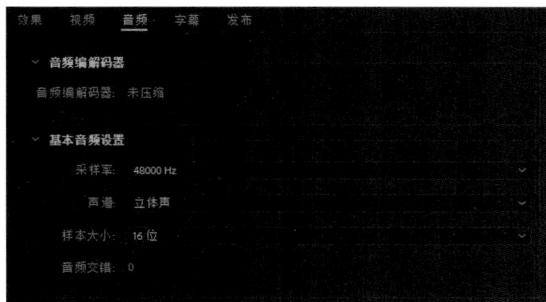

图 13-4-6

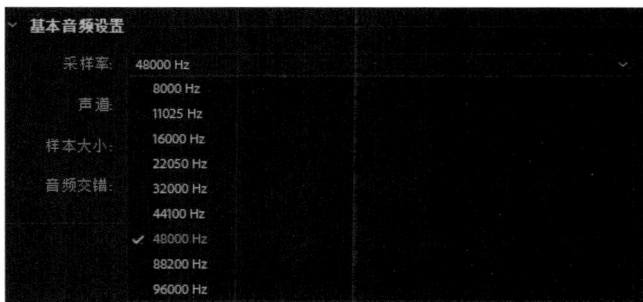

图 13-4-7

"声道"：在该选项的下拉列表中可以为音频选择单声道、立体声或者 5.1 声道，如图 13-4-8 所示。

"样本大小"：设置输出节目音频时所使用的声音量化位数，最高可提供 32bit。一般要获得较好的音频质量就要使用较高的量化位数，如图 13-4-9 所示。

图 13-4-8

图 13-4-9

第 5 节　输出单帧图像实例

在视频编辑中，可以将画面的某一帧输出，以便给视频动画制作定格效果。

步骤1：在时间轴上添加一段视频，执行命令"① 文件 > ② 导出 > ③ 媒体"，弹出"导出设置"对话框。

步骤2：① 在"格式"选项的下拉列表中选择"JPEG"选项。② 在"输出名称"文本框中输入文件名并设置保存路径。③ 勾选"导出视频"，其他参数保持默认状态。④ 单击"导出"，输出文件，如图 13-5-1 所示。

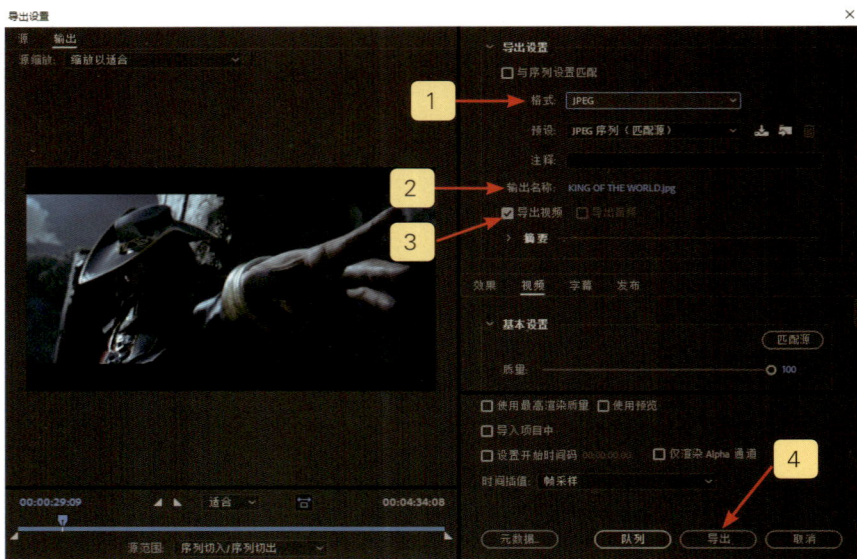

图 13-5-1

步骤 3：导出过程中会弹出进度窗口，如图 13-5-2 所示。

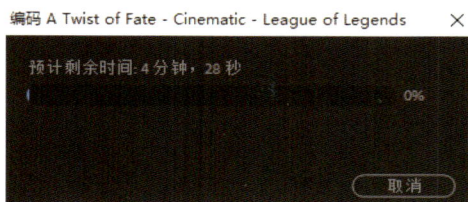

图 13-5-2

第 6 节　输出音频文件实例

Premiere Pro CC 2018 可以将影片中的一段声音或影片中的歌曲制作成音乐光盘等文件。

步骤 1：在时间轴上添加一个有声音的视频文件或打开一个有声音的项目文件，执行命令"① 文件 > ② 导出 > ③ 媒体"，弹出"导出设置"对话框。

步骤 2：① 在"格式"选项的下拉列表中选择"MP3"选项 > ② 在"预设"选项的下拉列表中选择"MP3 128 kbps"选项 > ③ 在"输出名称"文本框中输入文件名并设置文件的保存路径 > ④ 勾选"导出音频"复选框，其他参数保持默认状态 > ⑤ 单击"导出"，输出文件，如图 13-6-1 所示。

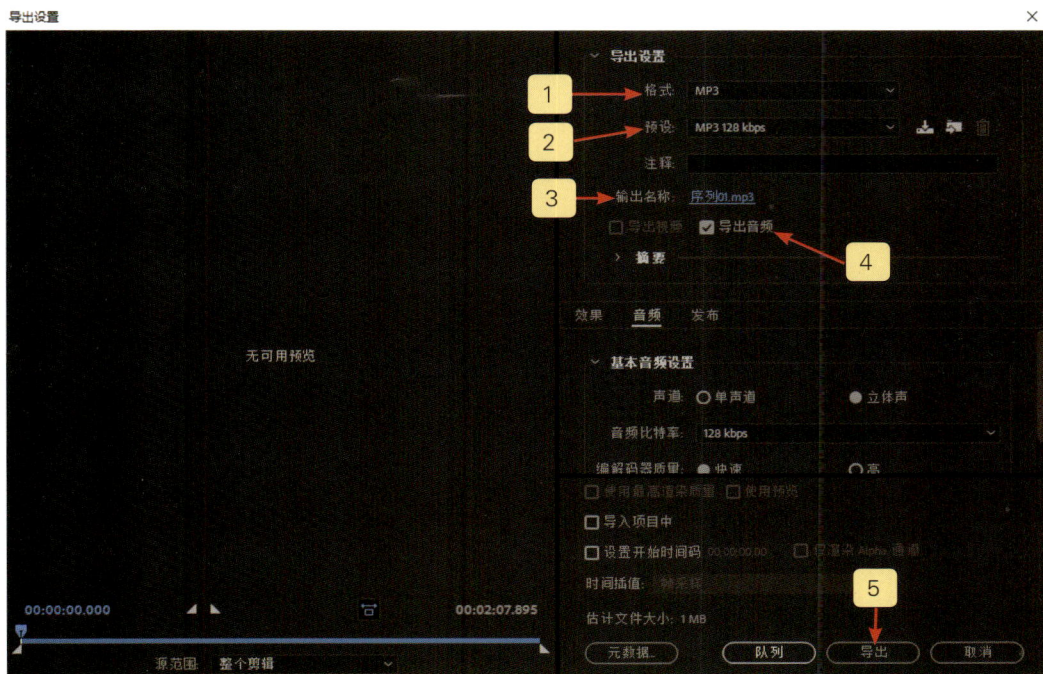

图 13-6-1

第 7 节　输出整个影片实例

　　输出影片是最常用的输出方式，将编辑完成的项目文件以视频格式输出，可以输出编辑内容的全部或者某一部分，也可以只输出视频内容或者只输出音频内容，还可以将全部的视频和音频一起输出。

　　下面以 AVI 格式为例，介绍输出影片的方法。

　　步骤 1：执行命令 "① 文件 > ② 导出 > ③ 媒体"，弹出 "导出设置" 对话框。

　　步骤 2：① 在 "格式" 选项的下拉列表中选择 "AVI" 选项 > ② 在 "预设" 选项的下拉列表中选择 "PAL DV" 选项 > ③ 在 "输出名称" 文本框中输入文件名并设置文件的保存路径 > ④ 勾选 "导出视频" 和 "导出音频" 复选框，其他参数保持默认状态 > ⑤ 单击 "导出"，输出文件，如图 13-7-1 所示。

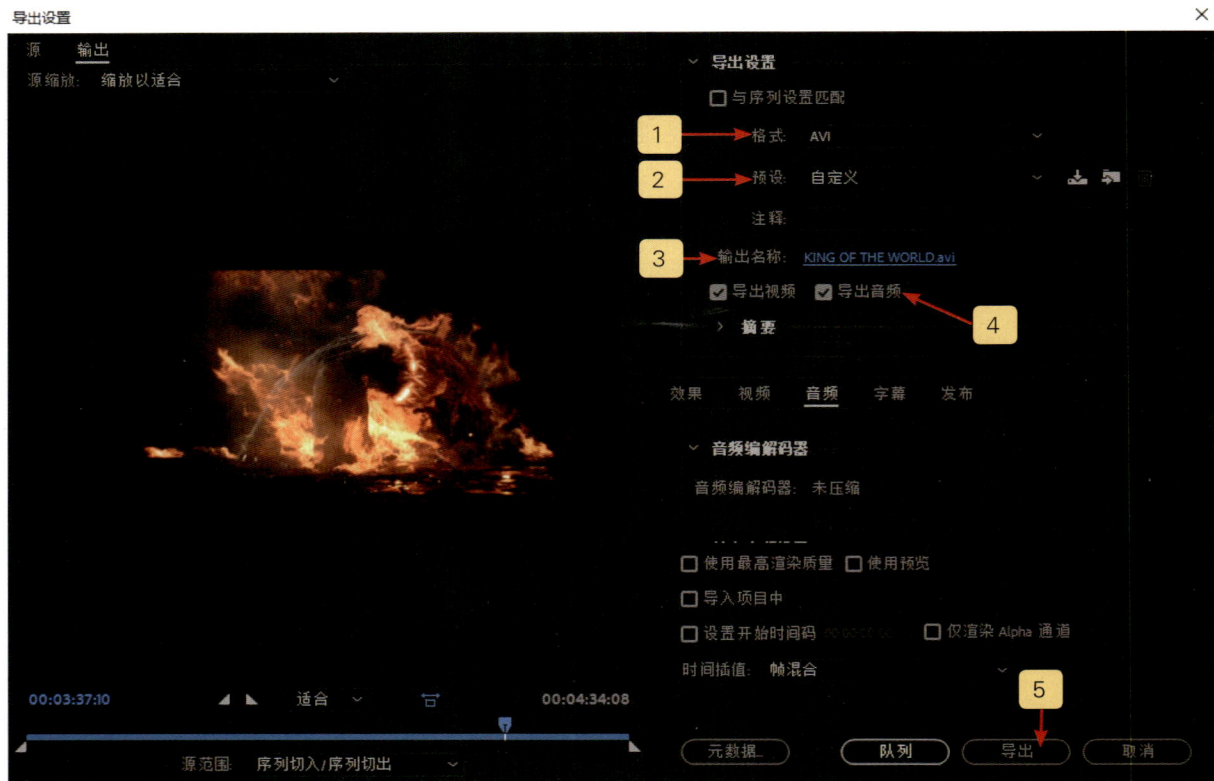

图 13-7-1

第 8 节　输出静态图片序列实例

在 Premiere Pro CC 2018 中，可以将视频输出为静态图片序列，也就是说将视频画面的每一帧都输出为一张静态图片，这一系列图片中的每张图片都具有一个自动编号。这些输出的序列图片可用于 3D 软件中的动态贴图，并且可以移动和存储。

步骤 1：在时间轴上添加一段视频文件，设定只输出视频的一部分内容，如图 13-8-1 所示。执行命令 "① 文件 > ② 导出 > ③ 媒体"，弹出 "导出设置" 对话框。

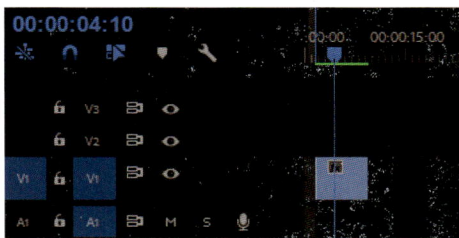

图 13-8-1

步骤 2：① 在 "格式" 选项的下拉列表中选择 "Targa" 选项 > ② 在 "预设" 选项的下拉列表中选择 "Targa 序列（匹配源）" 选项 > ③ 在 "输出名称" 文本框中输入文件名并设置文件的保存路径 > ④ 勾选 "导出视频" 复选框 > ⑤ 在 "视频" 扩展参数面板中必须勾选 "导出为序列" 复选框，其他参数保持默认状态 > ⑥ 单击 "导出"，输出文件，如图 13-8-2 所示。

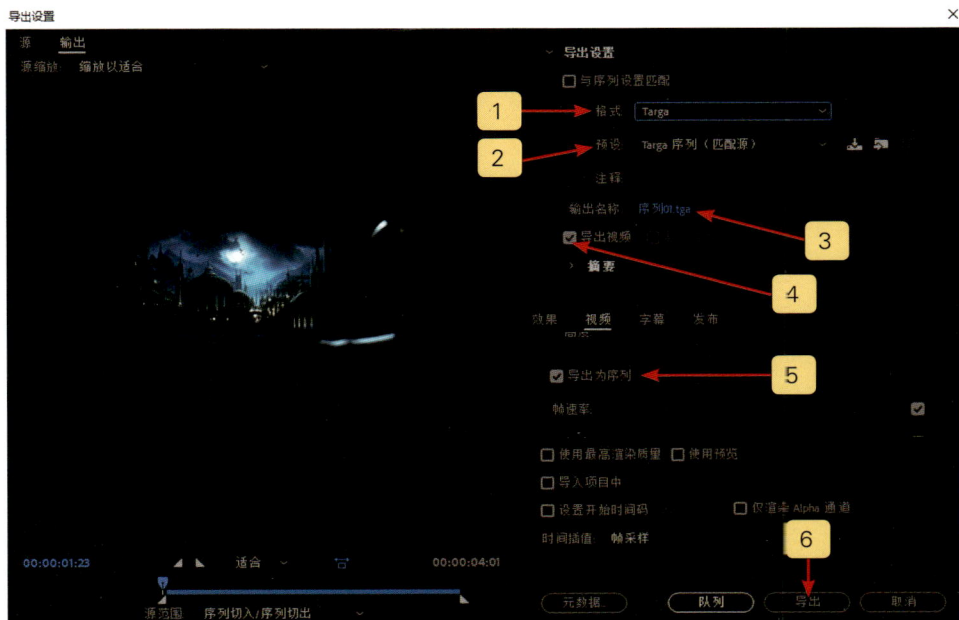

图 13-8-2

输出完成后的静态图片序列文件如图 13-8-3 所示。

第十三章 › 序列

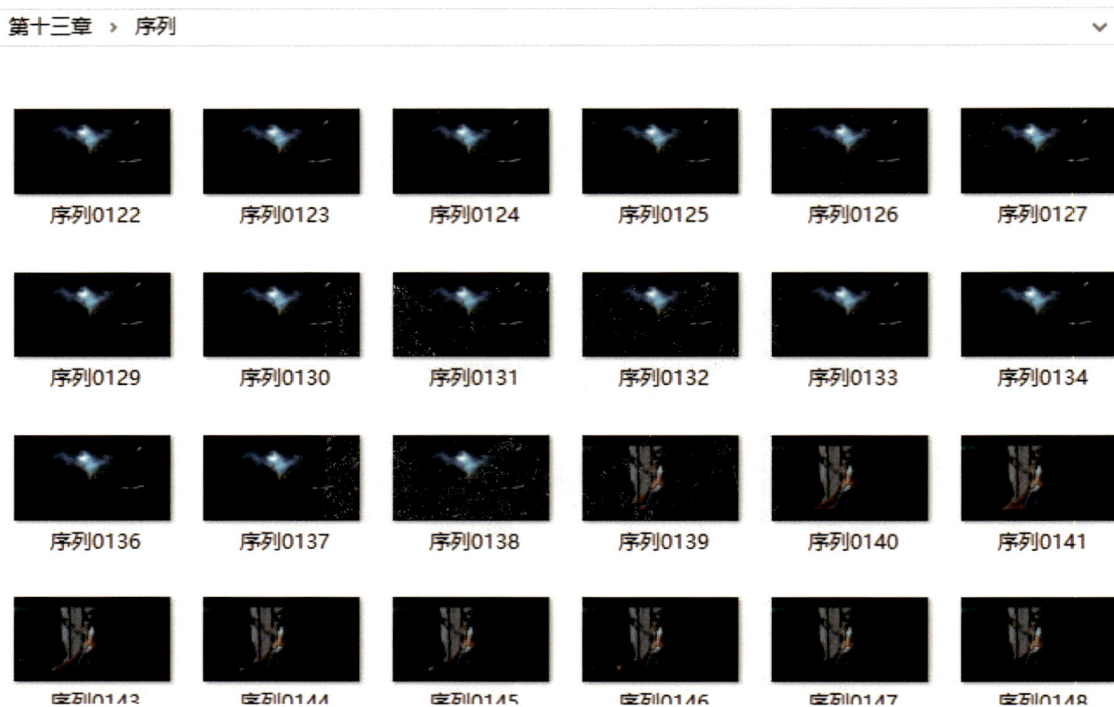

序列0122	序列0123	序列0124	序列0125	序列0126	序列0127
序列0129	序列0130	序列0131	序列0132	序列0133	序列0134
序列0136	序列0137	序列0138	序列0139	序列0140	序列0141
序列0143	序列0144	序列0145	序列0146	序列0147	序列0148

图 13-8-3

思考与练习

通过对 Premiere 影片输出的学习与了解，找一个影片运用所学知识对影片进行剪辑制作成宣传片并渲染输出。

参考文献

[1] 刘峰，吴洪兴，赵博. 数字影视后期制作 [M]. 北京：中国广播影视出版社，2013.

[2] 曾海. 影视后期编辑 [M]. 北京：清华大学出版社，2011.

[3] 方楠. 影视动画后期剪辑与特效 [M]. 青岛：中国海洋大学出版社，2014.

[4] 精鹰传媒. After Effects 印象——影视后期特效插件高级技法精解 [M]. 北京：人民邮电出版社，2017.

[5] 赵建，路倩，王志新. Premiere Pro CC 影视编辑剪辑制作实战从入门到精通 [M]. 北京：人民邮电出版社，2018.

[6]《工作过程导向新理念丛书》编委会. 影视后期特效合成 [M]. 北京：清华大学出版社，2010.

[7] 毛颖，余伟浩. 影视后期特效合成（第二版）[M]. 北京：中国轻工业出版社，2014.